装配式建筑施工技术培训教材

装配整体式混凝土结构工程施工

（第二版）

济南市城乡建设委员会建筑产业化领导小组办公室　组织编写

卢保树　张　茜　主编

U0294643

中国建筑工业出版社

图书在版编目（CIP）数据

装配整体式混凝土结构工程施工/济南市城乡建设
委员会建筑产业化领导小组办公室组织编写. —2版.
北京：中国建筑工业出版社，2018.9
装配式建筑施工技术培训教材
ISBN 978-7-112-22632-0

Ⅰ.①装…　Ⅱ.①济…　Ⅲ.①装配式混凝土结构-
混凝土施工-技术培训-教材　Ⅳ.①TU755

中国版本图书馆 CIP 数据核字(2018)第 198416 号

责任编辑：李　明　李　阳　赵云波
责任校对：姜小莲

装配式建筑施工技术培训教材
装配整体式混凝土结构工程施工（第二版）
济南市城乡建设委员会建筑产业化领导小组办公室　组织编写
卢保树　张　茜　主编

*

中国建筑工业出版社出版、发行（北京海淀三里河路 9 号）
各地新华书店、建筑书店经销
北京红光制版公司制版
北京建筑工业印刷厂印刷

*

开本：787×1092 毫米　1/16　印张：12¼　字数：304 千字
2018 年 10 月第二版　2019 年 1 月第六次印刷
定价：**39.00** 元
ISBN 978-7-112-22632-0
(32752)

编写委员会

主　编	卢保树	张　茜			
副主编	肖华锋	宋亦工	孟庆春	石玉仁	陈　刚
委　员	萧树忠	张　磊	张树辉	张　波	李明珂
	王　鲁	刘端亮	华　磊	刘继鹏	张　哲
	李俊峰	刘建富	陈绍华	王克富	陈珊珊
	桑运涛	国爱文	薛梦华	王文珠	高　敏
	张学辉	董建蕊	万成粮	李保鑫	李广惠

参编单位

济南市城乡建设发展服务中心

山东天齐置业集团股份有限公司

济南长兴建设集团工业科技有限公司

山东省建设监理咨询有限公司

山东能建建设管理有限公司

山东明达建筑科技有限公司

山东建大建筑规划设计研究院

山东万斯达建筑科技股份有限公司

济南一建集团有限公司

山东通发实业有限公司

山东汇富建设集团建筑工业有限公司

中铁十四局集团建筑工程有限公司

山东平安建设集团有限公司

山东营特建设项目管理有限公司

同圆设计集团有限公司

山东力诺瑞特新能源有限公司

修　订　前　言

运到工地的不再是零散的钢筋、混凝土、木材、保温板，而是一块块的墙板、楼板、楼梯等"零件"；工人不再爬上爬下支模板、搭架子，而是在机械的配合下把这些"零件"组装成一栋栋楼房，这就是建筑产业化所带来的效率革命。

2012 年 10 月，济南市成为继深圳、沈阳之后第三个国家住宅产业化综合试点城市。为进一步加快工作推进，实现"力争用 3～5 年时间形成千亿级规模实体产业，打造全国住宅工业部品生产研发前沿阵地和集散地"任务目标，济南市成立了以常务副市长为组长，市发改委、经信委、城乡建设委、财政局、国土局、规划局等 11 个部门组成的住宅产业化工作领导小组，出台了一系列政策，按照"优化资源、合理布局"的原则，建筑产业现代化工作从政策引导、技术研发、产业发展、项目推进、园区建设等方面统筹规划，成果日渐显现。

2017 年 11 月济南市被住建部评为第一批装配式建筑示范城市以来，紧紧围绕打造千亿元产值实体产业，形成立足济南、辐射全省、走向全国的示范效应，将济南市打造成国内领先的装配式建筑示范城市，确保到 2020 年底，全市装配式建筑项目面积占新建项目面积的比重不低于 30%，到 2025 年底不低于 40% 的工作目标。

我国建筑产业现代化面临全面发展的大好形势，但作为一项新兴产业，社会对建筑产业化人才的需求量不断增加，人才培养的职业化、专业化、普及化，建筑产业现代化管理的科学化、标准化，都迫切需要建筑产业现代化系统培训教材。为此，2015 年济南市组织建筑产业现代化全产业链上，包括设计、生产、施工、监理、运输、装饰、职业院校等20 多家单位成立编写委员会，编写了《装配整体式混凝土结构工程施工》一书，该书是我国最早专门针对装配式混凝土施工的系统培训教材，于 2015 年 8 月第一次出版，由于教材通俗易懂、可操作性强，市场需求量大，一经出版便在行业内引起强烈反响，为装配式建筑人才培养提供了良好的素材。近年，由于国家和地方政策引导和扶持，装配式建筑得到迅速发展，相关法律法规、标准、规范不断完善，装配式混凝土施工技术研发和更新步伐加快，施工管理模式不断创新，信息化技术日新月异，原教材中的部分内容已难以满足装配式建筑快速发展的需要，在考察和总结大量工程实践经验的基础上，编委会组织对该教材进行了修订，以期更好地为装配式建筑发展服务。

教材修订遵循从整体到局部、从主干到分支的原则介绍和总结了装配整体式混凝土建筑在部品生产、现场施工、管理等方面的过程和特点，整体编制思路清晰，条理明确。

全书共分八章，主要从如下方面进行描述：

第一章绪论介绍；第二章介绍装配整体式建筑结构形式、适用范围及单体装配率；第三章对装配式建筑构件原材料、连接构造及部品生产详细进行了介绍；第四章对装配整体式建筑施工技术及质量控制要点进行了详细讲解，并对装配化装修的相关内容如集成式卫生间的安装、水电暖预埋预留的要点也给予了介绍；第五章对施工组织机构、进度管理、现场布置、劳动力管理、成本管理、绿色施工管理等现场管理内容给出了明确的指导；第六章对现场安全生产管理、构件运输安全生产管理、施工设备安全使用、临时支撑及外防护架安全施工等方面均给予了详细的说明；第七章结合当前国家相应法规、规范及行业标准，对不同施工阶段的施工技术资料整理和质量验收做了详细说明；第八章从 BIM 技术、物联网技术、信息化辅助管理技术方面着手对信息化技术进行阐述，并重点介绍了 BIM 技术在设计、施工阶段的应用。

因国内装配整体式混凝土建筑尚处于快速发展阶段，相关规范、标准组成的技术保障体系尚在不断完善中。本教材侧重于工程实践，对于装配整体式混凝土建筑的技术特点、工程管理的理论探讨深度有限，遵循宁缺毋滥的原则，愿起到抛砖引玉之意。

限于时间紧促，不妥之处在所难免，我们将不断修订此书，使其日臻完善。

敬请读者批评指正。

修编委员会

目　　录

第一章 绪 论

装配式建筑是国内外建筑产业现代化最重要的生产方式之一，它具有提高建筑质量、缩短工期、节约能源、减少消耗、清洁生产等诸多优点。目前，我国的建筑体系借鉴国外经验采用装配整体式等方式，并取得了非常好的效果。所谓装配整体式混凝土结构（monolithic precast concrete structure），是由预制混凝土构件通过可靠的方式进行连接并与现场后浇混凝土、水泥基灌浆料形成整体的装配式混凝土结构。

第一节 国外装配式混凝土建筑的发展概况

预制混凝土技术起源于英国。1875 年英国人 Lascell 提出了在结构承重骨架上安装预制混凝土墙板的新型建筑方案。1891 年法国巴黎 Ed. Coigent 公司首次在 Biarritz 的俱乐部建筑中使用预制混凝土梁。二战结束后，预制混凝土结构首先在西欧发展起来，然后推广到世界各国。

发达国家的装配式混凝土建筑经过几十年甚至上百年的时间，已经发展到了相对成熟、完善的阶段。但各国根据自身实际，选择了不同的道路和方式。

美国的装配式建筑起源于 20 世纪 30 年代。20 世纪 70 年代，美国国会通过了国家工业化住宅建造及安全法案（National Manufactured Housing Construction and Safety Act），美国城市发展部出台了一系列严格的行业规范标准，一直沿用到今天。美国城市住宅以"钢结构＋预制外墙挂板"的高层结构体系为主，在小城镇多以轻钢结构、木结构低层住宅体系为主。

法国、德国住宅以预制混凝土结构为主，钢、木结构体系为辅。多采用构件预制与混凝土现浇相结合的建造方式，注重保温节能特性。高层主要采用装配式混凝土框架结构体系，预制装配率达 80%。

瑞典是世界上住宅装配化应用最广泛的国家，新建住宅中通用部件达到 80%。丹麦发展住宅通用体系化的方向是"产品目录设计"，它是世界上第一个将模数法制化的国家。

日本于 1968 年就提出了装配式住宅的概念。1990 年推出了采用部件化、工业化生产方式，追求中高层住宅的配件化生产体系。2002 年，日本发布了《现浇等同型钢筋混凝土预制结构设计指针及解说》。日本普通住宅以"轻钢结构和木结构别墅"为主，城市住宅以"钢结构或预制混凝土框架＋预制外墙挂板"框架体系为主。

新加坡自 20 世纪 90 年代初开始尝试采用预制装配式住宅，装配率很高。其中新加坡最著名的达土岭组屋，共 50 层，总高度为 145m，整栋建筑的装配率达到 94%。

第二节 我国装配式混凝土建筑的发展历程

一、发展历程

我国预制混凝土起源于 20 世纪 50 年代，早期受苏联预制混凝土建筑模式的影响，主要应用在工业厂房、住宅、办公楼等建筑领域。20 世纪 50 年代后期到 80 年代中期，绝大部分单层工业厂房都采用预制混凝土建造。20 世纪 80 年代中期以前，在多层住宅和办公建筑中也大量采用预制混凝土技术，主要结构形式有：装配式大板结构、盒子结构、框架轻板结构和叠合式框架结构。20 世纪 70 年代以后我国政府提倡建筑要实现三化，即工厂化、装配化、标准化。在这一时期，预制混凝土在我国发展迅速，在建筑领域被普遍采用，为我国建造了几十亿平方米的工业和民用建筑。

到 20 世纪 70 年代末 80 年代初，基本建立了以标准预制构件为基础的应用技术体系，包括以空心板等为基础的砖混住宅、大板住宅、装配式框架及单层工业厂房等技术体系。

从 20 世纪 80 年代中期以后，我国预制混凝土建筑因成本控制过低、整体性差、防水性能差以及国家建设政策的改革和全国性劳动力密集型大规模基本建设的高潮迭起，最终使装配式结构的比例迅速降低，自此步入衰退期。据统计，我国装配式大板建筑的竣工面积从 1983～1991 年逐年下降，20 世纪 80 年代中期以后我国装配式大板厂相继倒闭，1992 年以后就很少采用了。

1999 年，国务院办公厅发布了《关于推进住宅产业现代化提高住宅质量的若干意见》（国办发［1999］72 号），提出"加快住宅建设从粗放型向集约型转变，推进住宅产业现代化，提高住宅质量促进住宅建设成为新的经济增长点"，自此我国有关预制混凝土的研究和应用也有回暖的趋势。"住宅性能认定和部品认证项目"（2001～2004 年）等项目的成果，为推进住宅产业化提供了强有力的研究保障和技术支持；国内相继开展了一些预制混凝土节点和整体结构的研究工作。在工程应用方面采用新技术的预制混凝土建筑也逐渐增多，如南京金帝御坊工程采用了预应力预制混凝土装配整体式框架结构体系，大连 43 层的希望大厦采用了预制混凝土叠合楼面，北京榆构等单位完成了多项公共建筑外墙挂板、预制体育场看台工程。2006 年之后，万科集团等单位在借鉴国外技术及工程经验的基础上，从应用住宅预制外墙板开始，成功开发了具有中国特色的装配式剪力墙住宅结构体系。

《国民经济和社会发展第十二个五年规划纲要》提出"十二五"时期全国城镇保障性安居工程建设任务 3600 万套，这标志着我国进入了大规模保障性住房建设时代。国家住宅产业现代化综合试点城市先行先试，至 2012 年国家批准了深圳、沈阳、济南三个试点城市，迄今已批准 30 个装配式建筑示范城市。以试点（示范）城市、产业化基地、装配式建筑示范项目、住宅性能认定和部品认证为抓手，有力推进了建筑产业现代化工作健康有序发展。2016 年国务院办公厅发布了《关于大力发展装配式建筑的指导意见》（国办发［2016］71 号），是今后一段时间我国发展装配式建筑的纲领性文件，提出装配式建筑原则上应采用工程总承包模式和建筑信息模型技术，完善装配式建筑施工质量管理体系。这有力促进了建筑产业与制造业和信息产业深度融合，进一步推进了建筑业绿色、健康发展。

我国台湾和香港的装配式建筑启动以来未曾中断，一直处于稳定的发展和成熟阶段。我国台湾地区的装配式混凝土建筑体系和日本、韩国接近，装配式结构节点连接构造和抗震、隔震技术的研究和应用都很成熟。预制框架梁柱、预制外墙挂板等构件应用广泛。我国香港在20世纪70年代末采用标准化设计，自1980年以后采用了预制装配式体系。叠合楼板、预制楼梯、整体式PC卫生间、大型PC飘窗外墙等被大量用于高层住宅公屋建筑中。厂房类建筑一般采用装配式框架结构或钢结构建造。

二、技术体系

（一）我国装配整体式混凝土结构技术体系的研究

装配整体式混凝土结构的主体结构，依靠节点和拼缝将结构连接成整体并同时满足使用阶段和施工阶段的承载力、稳固性、刚性、延性要求。钢筋的连接方式有钢筋套筒灌浆连接、钢筋浆锚搭接连接、机械连接、搭接连接和焊接连接等。配套构件如门窗、有水房间的整体性技术和安装装饰一次性完成的集成技术等也属于该类建筑的技术特点。

预制构件如何传力、协同工作是预制钢筋混凝土结构研究的核心问题，具体来说就是钢筋的连接与混凝土界面的处理。1960年美国工程院院士、美籍华人余占疏博士（DR. ALFRED A. YEE）发明了Splice Sleeve（钢筋套筒连接器），首次在美国夏威夷38层的阿拉莫阿纳酒店的预制柱钢筋续接中应用，开创柱续接的刚性接头的先河，并在夏威夷的历次强烈地震中经受住了考验。自2007年以来，我国广大科技人员在前期研究的基础上做了大量试验和理论研究工作，如装配整体式混凝土框架节点抗震性能试验、预制剪力墙抗震试验和预制外挂墙板受力性能试验等，对装配整体式混凝土结构结合面的抗剪性能、预制构件的连接技术及纵向钢筋的连接性能进行了深入研究。2014年，国内学者对装配式结构中占比较大的钢筋混凝土叠合楼板展开研究，对钢筋套筒灌浆料密实性进行研究。

装配整体式混凝土结构中的预制构件（柱、梁、墙、板）在设计方面，遵循受力合理、连接可靠、施工方便、少规格、多组合原则。在满足不同地域对不同户型需求的同时，建筑结构设计尽量标准化、模块化，以便实现构件制作的通用化。结构的整体性和抗倾覆能力主要取决于预制构件之间的连接，在地震、偶然撞击等作用下，整体稳固性对装配式结构的安全性至关重要。结构设计中必须充分考虑结构的节点、拼缝等部位的连接构造的可靠性。同时装配整体式混凝土结构设计要求装饰装修设计与建筑设计同步完成，构件详图的设计应表达出装饰装修工程所需预埋件和室内水电的点位，以免因后期点位变更而破坏墙体。

从我国现阶段情况看，尚未达到全部构件的标准化，建筑的个性化与构件的标准化仍存在着冲突，装配整体式混凝土建筑的预制构件以设计图纸为制作及生产依据，设计的合理性直接影响项目的成本。发达国家经验表明，固定的单元模块也可通过多样性组合拼装出丰富的外立面效果，单元拼装的特殊视觉效果也许会成为装配式建筑设计的突破口，要通过若干年发展实践，逐步实现构件、部品设计的模数化、标准化与通用化。

目前，国内装配整体式混凝土结构按照等同现浇结构进行设计。

（二）技术体系种类

建筑主体结构可分为混凝土结构、钢结构、木结构、混合结构等。目前国内常用的装配整体式混凝土建筑的结构体系有：装配整体式混凝土剪力墙结构体系、装配整体式混凝土框架结构体系、现浇混凝土框架外挂预制混凝土墙板体系（内浇外挂式框架体系）、现浇混凝土剪力墙外挂预制混凝土墙板体系（内浇外挂式剪力墙体系）、装配整体式混凝土框架-现浇剪力墙结构、内部钢结构框架外挂预制混凝土墙板体系（内部钢结构外挂式框架体系）、钢框架-钢筋混凝土剪力墙结构（混合结构）等。

近年，国内建筑产业化相关企业在发展装配式 PC 建筑时，所采取的技术体系均有所不同，万科侧重于预制框架或框架结构外挂板＋装配整体式剪力墙结构，在 SI 分离的原则下进行土建与装修一体化的工业化实施方案，远大住工在集成式厨卫、成套门窗等技术方面实现标准化设计，南京大地建设采用装配式框架外挂墙板体系、预应力混凝土装配整体式框架结构体系，中南集团为全预制装配整体式剪力墙（NPC）体系，宝业集团为叠合板式混凝土剪力墙结构体系，上海城建集团为预制框架剪力墙装配式住宅结构技术体系，黑龙江宇辉集团为装配整体式混凝土剪力墙结构体系，有利华深圳公司为外挂混凝土墙板和预制混凝土卫生间体系，山东万斯达为 PK（拼装、快速）装配整体式结构快装体系。

第三节 装配整体式混凝土建筑的发展意义和展望

一、发展意义

发展装配式建筑是住房城乡建设领域贯彻党中央、国务院节能减排要求、推进绿色发展的战略举措。

提高工程质量和施工效率。通过标准化设计、工厂化生产、装配化施工，减少了人工操作和劳动强度，确保了构件质量和施工质量，从而提高了工程质量和施工效率。

减少资源、能源消耗，减少建筑垃圾，保护环境。由于实现了构件生产工厂化，材料和能源消耗均处于可控状态；建造阶段消耗建筑材料和电力较少，施工扬尘和建筑垃圾大大减少。

缩短工期，提高劳动生产率。由于构件生产和现场建造在两地同步进行，建造、装修和设备安装一次完成，相比传统建造方式大大缩短了工期，能够适应目前我国大规模的城镇化进程。

转变建筑工人身份，促进社会稳定、和谐。建筑产业现代化减少了施工现场临时工的用工数量，并使其中一部分人进入工厂，变为产业工人，助推城镇化发展。

减少施工事故。与传统建筑相比，装配式建筑建造周期短、工序少、现场工人需求量小，可进一步降低发生施工事故的概率。

施工受气象因素影响小。工业化建造方式大部分构配件在工厂生产，现场基本为装配作业，且施工工期短，受降雨、大风、冰雪等气象因素的影响较小。

随着新型城镇化的稳步推进，人民生活水平不断提高，全社会对建筑品质的要求也越来越高。与此同时，能源和环境压力逐渐加大，建筑行业竞争加剧。装配式建筑对推动建筑业产业升级和发展方式转变，促进节能减排和民生改善，推动城乡建设走上绿色、循环、低碳的科学发展轨道，实现经济社会全面、协调、可持续发展，不仅意义重大，更迫在眉睫。

二、前景展望

（一）我国装配整体式混凝土建筑发展现状

1. 我国在装配式建筑的研究上已取得了一些成果，许多科研单位、高校和企业为装配式结构的推广做出了贡献，中国建筑科学研究院等科研院所、企业和同济大学、清华大学、东南大学等高校均进行了装配式混凝土结构的相关研究，标准规范体系正逐步健全。住房城乡建设部发布了国家标准《装配式建筑评价标准》GB/T 51129、《装配式混凝土建筑技术标准》GB/T 51231 和行业标准《装配式住宅设计标准》JGJ/T 398，2018 年发布了团体标准《百年住宅建筑设计与评价标准》T/CECS-CREA513，山东省发布了地方标准《装配式混凝土结构现场检测技术标准》DB37/T 5106。

2. 装配整体式混凝土结构施工工法基本成熟，装配式建筑质量安全管理体系基本建成。

3. 装配式建筑在国内研究应用还较少，能够做装配整体式混凝土结构设计的技术人员缺少，BIM 技术在装配式建筑全寿命周期中的应用很少。我国应根据国家出台的相关标准规范，运用新的结构体系、构造措施和施工工艺形成一个系统，以支撑装配式建筑在全国范围内的广泛应用。

4. 随着抗震要求的不断提高，我们应提高装配式结构的整体性能、抗震性能和耐久性能，积极推进装配式建筑减隔震技术的应用。

5. 现阶段我国装配式建筑产业队伍缺乏，特别是实操型建筑工人技能培训有待加强。

（二）我国装配式建筑未来的发展

（1）目前，我国的工业化建筑体系尚处在专用体系的阶段，未达到通用体系的水平。只有实现在模数化规则下的设计标准化，才能实现构件生产的通用化，有利于提高生产效率和质量，有助于部件部品的推广应用。

装配式建筑内装系统与结构系统、外围护系统、设备与管线系统一体化设计建造，促进建筑内装部品与建筑结构相统一的模数协调体系，推广装配式装修，达到加快施工速度、减少建筑垃圾和污染、实现可持续发展的目标。

（2）在保证整体结构安全性、耐久性的前提下，装配式混凝土结构预制构件间的连接技术应尽量简化连接构造，降低施工中不确定性对结构性能的影响。目前我国预制构件的连接方法主要采用钢筋套筒灌浆连接与浆锚连接两种，开发工艺简单、性能可靠的新型连接方式是装配式混凝土结构发展的需要。

（3）日本于 1974 年建立了住宅部品认定制度，经过认定的住宅部品，政府要求在公营住宅中强制使用，同时也受到市场的认可并普遍被采用。

我国建筑部品生产单位水平参差不齐、所生产的产品良莠不一。目前我国缺乏专门部门对其进行相关认定，这既不利于保证部品及构件的质量，也不利于企业之间展开充分竞争。我国可以学习日本"BL"住宅部品认定制度经验，建立优良住宅部品认定制度，形成住宅部品优胜劣汰的机制；建立这项权威制度，是推动住宅产业和住宅部品发展的一项重要措施。

（4）推进应用具有可改造性的 SI 住宅和百年住宅。SI（Skeleton-Infill）住宅是通过耐久年限较长的支撑体（skeleton）和耐久年限较短的填充体（infill）的分离，来实现填充体的可更新改造特质，这就提高了住宅应对功能变化的适应性，提高了建筑全寿命周期内的综合价值。百年住宅一般应满足六个基本条件：采用 SI 建筑体系及管线分离方式设计建造、建筑支撑体的结构耐久性设计年限 100 年、建筑填充体满足家庭全生命周期的使用要求、采用装配化装修的集成部品体系、住宅性能评价满足 3A 级、绿色建筑评价满足绿建三星的要求。

（5）统筹设计、生产、运输、安装、运维，实现全过程的协同。项目应采用基于建筑信息模型（BIM）的全生命周期管理信息技术，用标准化设计、工厂化生产、装配化施工、一体化装修、信息化管理、智能化应用，以满足建筑产业化的要求。部分省市已要求政府投资的装配式建筑项目全过程采用建筑信息模型技术进行管理，应用结构工程与分部分项工程协同施工新模式。

（6）开展装配式被动式超低能耗高品质建筑示范，将装配式建筑集成智能建筑、绿色建筑、绿色施工、预应力混凝土等技术应用于实际工程中。如预制外挂墙板集成清水混凝土技术。

（7）目前我国装配整体式混凝土结构处于快速发展期，这一时期仍应遵循稳中求进的原则，以严格技术要求进行控制，样板先行然后在各个城市推广。应关注新型结构体系带来的外墙拼缝渗水、填缝材料耐久性不足、叠合板板底裂缝等非结构安全问题，总结经验，解决新体系下的质量常见问题。

（三）装配式建筑实行工程总承包的发展趋势

发展装配式建筑受到党中央、国务院和各级政府的高度重视，部分地区已呈现规模化发展态势，建筑产业现代化正迎来全新的历史机遇期。2016 年国务院办公厅印发了《关于大力发展装配式建筑的指导意见》（国办发［2016］71 号），为发展装配式建筑提出了八项重点任务和要求，提出装配式建筑原则上应采用工程总承包模式，并支持大型设计、施工和部品部件生产企业向工程总承包企业转型。工程总承包是推动装配式建筑发展的重要途径，也势在必行。

现阶段，我国发展装配式建筑离不开工程总承包管理模式。装配式建筑发展目前仍处于初期阶段，技术体系成熟的不多，社会化程度不高，大部分企业各方面能力不足，尤其是传统模式和路径还具有很强的依赖性，如果用传统、粗放的管理方式来发展装配式建筑，难以实现预期的发展目标。

发展装配式建筑的出发点和落脚点，一方面是落实供给侧结构性改革和新型城镇化发展的要求，另一方面是解决我国建筑业发展长期存在的粗放增长问题，通过发展装配式建筑实现生产方式的变革，最终建立先进的技术体系和高效的管理体系以及现代化的产业体系，实现节能减排的战略目标。因此，必须从生产方式入手，注入和推行新的发展模式。工程总承包管理模式是现阶段发展装配式建筑、推进建筑产业化的有效途径。

1. 工程总承包的常用方式

工程总承包的方式有设计采购施工总承包（E＋P＋C）、设计-采购与施工管理总承包（E＋P＋CM）、设计-施工总承包（D＋B）、设计-采购总承包（E＋P）、采购-施工总承包（P＋C）等方式。

（1）E＋P＋C 模式

设计-采购施工总承包（EPC：即 Engineering（设计）、Procurement（采购）、Construction（施工）的组合）是指工程总承包企业按照合同约定，承担工程项目的设计、采购、施工、试运行服务等工作，并对承包工程的质量、安全、工期、造价全面负责，是我国目前推行总承包模式最主要的一种。

交钥匙总承包是设计采购施工总承包业务和责任的延伸，最终是向业主提交一个满足使用功能、具备使用条件的工程项目。

（2）E＋P＋CM 模式

设计-采购与施工管理总承包（EPCM：即 Engineering（设计）、procurement（采购）、Construction Management（施工管理）的组合）是国际建筑市场较为通行的项目支付与管理模式之一，也是我国目前推行总承包模式的一种。EPCM 承包商是通过业主委托或招标而确定的，承包商与业主直接签订合同，对工程的设计、材料设备供应、施工管理进行全面的负责。根据业主提出的投资意图和要求，通过招标为业主选择、推荐最合适的分包商来完成设计、采购、施工任务。设计、采购分包商对 EPCM 承包商负责，而施工分包商则不与 EPCM 承包商签订合同，但其接受 EPCM 承包商的管理，施工分包商直接与业主具有合同关系。因此，EPCM 承包商无需承担施工合同风险和经济风险。当 EPCM 总承包模式实施一次性总报价方式支付时，EPCM 承包商的经济风险被控制在一定的范围内，承包商承担的经济风险相对较小，获利较为稳定。

（3）D＋B 模式

设计-施工总承包是指工程总承包企业按照合同约定，承担工程项目设计和施工，并对承包工程的质量、安全、工期、造价全面负责。

根据工程项目的不同规模、类型和业主要求，工程总承包还可采用设计-采购总承包（E＋P）、采购-施工总承包（P＋C）等方式。

2. 装配式混凝土建筑采用工程总承包的必要性

因为工程总承包是国际通行的建设项目组织实施方式，它要求从事工程总承包的企业按照与建设单位签订的合同，对工程项目的设计、采购、施工等实行全过程的承包，并对工程的质量、安全、工期和造价等全面负责。用工程总承包管理模式发展装配式建筑，还可有效建立先进的技术体系和高效的管理体系，打通产业链的壁垒，解决设计、生产、运输、施工一体化问题，解决技术与管理脱节问题。通过采用工程总承包模式保证工程建设高度组织化，降低先期成本，实现资源优化、整体效益最大化。

当前及未来一段时间，我国装配式建筑会快速发展，投资规模将日益增大，对工程工期、质量、经济效益、社会效益等方面的要求也会越来越高。作为一体化管理模式，工程总承包实现了设计、生产、运输、施工的一体化，有利于实现建造过程的资源整合、技术集成以及效益最大化，保证实现发展装配式建筑过程中生产方式转变升级的目标。通过工程总承包管理模式，装配式建造方式的作用得到了充分发挥，能真正把现有的成熟技术固化下来，进而形成系统的集成技术体系，打造工业化时代建筑企业的核心竞争力，实现全过程的资源优化和效益提升。

近两年，山东省住房和城乡建设厅要求省内各城市建设的装配式建筑，原则上采用工程总承包模式，建设单位应将项目的设计、采购、施工一并进行发包；上海市要求装配式保障房项目宜采用设计（勘察）、施工、构件采购工程总承包招标。在我国大力发展装配式建筑的历史进程中，大力推行工程总承包模式，对推动装配式建筑高质量发展和产业结构调整升级，实现城乡建设技术进步和建筑业转型必将发挥重要作用。

第二章 基 本 知 识

第一节 结 构 概 述

建筑物的整个建造过程可以分为：地基基础工程、主体工程、安装工程、装饰装修工程等。建筑物的主体工程又可以分为：主体结构和围护结构两大部分。

建筑物的主体结构按照受力方式分类，主要有：框架结构、剪力墙结构、框架-剪力墙结构、排架结构、框筒结构、筒体结构等。根据建筑物的结构类型，建立结构设计模型进行整体结构分析，从而得出结构构件所受的内力数值。

建筑物的主体结构按照组成材料可分为：混凝土结构、钢结构、木结构、混合结构等。

建筑物的主体结构按结构受力方式可分为：混凝土框架结构、混凝土剪力墙结构、混凝土框架-剪力墙结构、混凝土排架结构、钢框架-钢筋混凝土核心筒结构、钢框架结构、钢排架结构等，详见表2-1。

按受力形式和材料的常用结构形式分类 表2-1

结构类型＼材料分类	混凝土结构		钢结构	混合结构
	混凝土（全现浇）	预制混凝土（PC）		
框架结构	混凝土框架结构（全现浇）	装配整体式混凝土框架结构	钢框架结构	混凝土柱-钢梁框架结构
剪力墙结构	混凝土剪力墙结构（全现浇）	装配整体式混凝土剪力墙结构	—	钢骨混凝土剪力墙结构
框架-剪力墙结构	混凝土框架-剪力墙结构（全现浇）	装配整体式混凝土框架-现浇剪力墙结构	钢框架-钢斜撑结构（延性墙板）	钢框架-混凝土剪力墙结构
排架结构	混凝土排架结构（全现浇）	装配式排架结构	门式刚架	混凝土柱-钢屋架排架结构

混合结构是最近十余年新出现的新型结构形式。在混合结构中，既采用混凝土构件，也采用钢构件。充分发挥型钢和混凝土两种材料的优点，在超高层建筑中得到广泛应用，进一步拓展了建筑结构的适用范围。

预制混凝土构件的采用，正在引起建筑业的一场深刻变革，引导了建筑产业化的兴起。在装配整体式结构中，既采用预制混凝土构件，也采用现浇混凝土。通过采用工业化的手段，从而达到节约人工、提高施工速度、绿色环保的目标。2014年10月1日，国家颁布实施了《装配式混凝土结构技术规程》JGJ 1—2014，2017年1月10日，国家颁布了《装配式混凝土建筑技术标准》GB/T 51231、《装配式木结构建筑技术标准》GB/T 51233、《装配式钢结构建筑技术标准》GB/T 51232；2017年12月12日，国家颁布了《装配式建筑评价标准》GB/T 51129；山东省发布实施了《装配整体式混凝土结构设计规程》DB37/T 5018—2014、《装配整体式混凝土结构工程施工与质量验收规程》DB37/T

5019—2014、《装配整体式混凝土结构工程预制构件制作与验收规程》DB37/T 5020—2014、《装配式混凝土结构现场检测技术标准》DB37/T 5016—2018，为装配式结构的应用和发展提供了广泛前景。

第二节　常用结构形式分类

建筑物的主体结构可按照两种方式进行分类：一是按受力方式分类，常用的有框架结构、剪力墙结构、框架-剪力墙结构和排架结构等；二是按建筑材料分类，常用的有混凝土结构（包括现浇混凝土结构和装配式混凝土结构）、钢结构、木结构和混合结构等。

一、按照受力方式分类

（一）框架结构

1. 框架结构的特点

框架结构是由梁和柱为主要构件组成的。为利于结构受力，框架梁宜拉通，框架柱宜纵横对齐、上下对中，梁柱轴线宜在同一竖向平面内。

2. 框架结构的建筑平面布局

框架结构的平面布置既要满足生产施工和建筑平面布置的要求，又要使结构受力合理，施工方便，以加快施工进度，降低工程造价。

建筑设计及结构布置时既要考虑到建筑结构的模数化、标准化，又要考虑到构件的长度和重量，使之满足吊装、运输设备的限制条件，并尽量减少预制构件的规格种类，提高模具的利用率，以满足工厂化生产及现场装配的要求，提高生产和现场装配效率。

柱网尺寸宜统一，跨度大小和抗侧力构件布置宜均匀、对称，尽量减小偏心，减小结构的扭转效应，并应考虑结构在竖向荷载作用下内力分布均匀合理，各构件材料强度均能得到充分利用。设计应根据建筑使用功能的要求、结合结构受力的合理性、经济性、方便施工等因素确定。

3. 框架结构的竖向布置

框架沿高度方向各层平面柱网尺寸宜相同，框架柱宜上下对齐，尽量避免因楼层某些框架柱取消而形成竖向不规则框架，如因建筑功能需要造成不规则时，应视不规则程度采取加强措施，如加厚楼板、增加边梁配筋等。

框架柱截面尺寸宜沿高度方向由大到小均匀变化，混凝土强度等级宜和柱截面尺寸错开楼层变化，以使结构侧向刚度均匀变化，同时应尽可能使框架柱截面中心对齐，或上下柱仅有较小的偏心。

4. 结构的体型规则性

平面和立面不规则的体型，在水平荷载作用下，由于体型突变，受力比较复杂，因此建筑体型在平面及立面上应尽量避免部分凸出及刚度突变，若不能避免时，则应在结构布置上局部加强。在平面上有凸出部分的房屋，应考虑到突出部分在地震力作用下由局部振动引起的内力，在沿突出部分两侧的框架梁、柱要适当加强。

（二）剪力墙结构

1. 剪力墙结构的特点

由剪力墙组成的承受竖向和水平作用的结构称为剪力墙结构，也称为抗震墙结构。

剪力墙结构整体性好，承载力及侧向刚度大，合理设计的剪力墙结构具有良好的抗震性能，在历次地震中，剪力墙的震害一般比较轻，剪力墙结构适用于多、高层住宅及高层公共建筑。

2. 剪力墙的结构布置

装配整体式剪力墙的结构布置要求与现浇剪力墙基本一致，宜简单、规则、对称，不应采用不规则的平面布置。

剪力墙在平面内应双向布置，沿高度方向宜连续布置。剪力墙一般需要开洞作为门窗，洞口宜上下对齐，成列布置，形成具有规则洞口的联肢剪力墙，避免出现洞口不规则的错洞墙。

高层装配整体式剪力墙结构的底部加强部位一般采用现浇结构，顶层一般采用现浇楼盖结构，这保证了结构的整体性。高层建筑可设置地下室，这提高了结构在水平力作用下的抗滑移、抗倾覆的能力；地下室采用装配整体式并无明显的成本和工期优势，采用现浇结构既可以保证结构的整体性，又可提高结构的抗渗性能。

剪力墙等预制构件的连接部位宜设置在构件受力较小的部位，预制构件的拆分应便于标准化生产、吊装、运输和就位，同时还应满足建筑模数协调、结构承载能力及便于质量控制的要求。

（三）框架-剪力墙结构

由框架和剪力墙共同承受竖向和水平作用的结构称为框架-剪力墙结构。

装配整体式框架-现浇剪力墙结构布置原则：装配整体式框架-现浇剪力墙结构要符合第一节对装配整体式框架的要求，剪力墙宜对称布置，各片墙的刚度宜接近，长度较长的剪力墙宜设置洞口和连梁形成双肢墙或多肢墙，各层每道剪力墙承受的水平力不宜超过相应楼层总水平力的 40%。抗震设计时结构两主轴方向均应布置剪力墙，梁与柱、柱与剪力墙的中心线宜重合，当不能重合时，在计算中应考虑其影响，并采取加强措施。

（四）排架结构

柱与屋架（或屋面梁）采用铰接连接形成的一种结构体系，简称排架结构。柱列的纵向（连同其基础）用吊车梁、连系梁、柱间支撑等构件联系。排架结构根据所采用材料的不同，主要分为现浇混凝土排架结构、预制混凝土排架结构和钢排架结构等。

排架结构主要由排架柱、屋盖、外围护墙、支撑体系、基础等组成。

二、按照材料分类

（一）混凝土结构

1. 现浇混凝土结构

在现场原位支模并整体浇筑而成、以混凝土为主制成的结构。

（1）材料选用

混凝土是指由胶凝材料、骨料和水按适当的比例配合、拌合制成混合物，经一定时间硬化而成的人造石材。

钢筋分为普通钢筋和预应力钢筋。普通钢筋是用于混凝土结构构件中的各种非预应力筋。预应力钢筋是用于混凝土构件中施加预应力的钢丝、钢绞线和预应力螺纹钢筋。

（2）钢筋的锚固

钢筋与混凝土之间的共同作用，依靠钢筋与混凝土的握裹力实现。为了保证钢筋与混凝土之间的握裹力，钢筋需要在混凝土之中具有一定的锚固长度，锚固长度就是受力钢筋依靠其表面与混凝土的粘结作用或端部构造的挤压作用而达到设计承受应力所需的长度。

（3）钢筋的连接

钢筋通过绑扎搭接、浆锚搭接、机械连接、焊接及灌浆套筒连接等方法实现钢筋之间内力传递的构造方式。

（4）基本规定

混凝土结构设计应包括下列内容：

1）结构方案设计，包括结构选型、构件布置及传力途径。

2）作用及作用效应分析。

3）结构的极限状态设计。

4）结构及构件的构造、连接措施。

5）耐久性及施工的要求。

6）满足特殊要求结构的专门性能设计。

2. 装配式钢筋混凝土结构

装配式混凝土结构由预制混凝土构件通过可靠的连接方式装配而成的混凝土结构，包括装配整体式混凝土结构、全装配混凝土结构等。在建筑工程中，简称装配式建筑；在结构工程中，简称装配式结构。

装配整体式混凝土结构由预制混凝土构件通过可靠的连接方式进行连接并与现场后浇混凝土、水泥基灌浆料形成整体的装配式混凝土结构，简称装配整体式混凝土结构。

（1）材料选用

混凝土、钢筋和钢材的力学性能指标和耐久性要求等应符合现行国家标准《混凝土结构设计规范》GB 50010 和《钢结构设计规程》GB 50017 的规定。

钢筋的选用应符合现行国家标准《混凝土结构设计规范》GB 50010 的规定，普通钢筋采用套筒灌浆连接和浆锚搭接连接时，钢筋应采用热轧带肋钢筋。

（2）连接方式

装配式钢筋混凝土结构除了采用传统的焊接、螺栓连接、锚栓连接以外，还采用了钢筋套筒灌浆连接、浆锚搭接连接等新型连接方式。

钢筋套筒灌浆连接接头采用的套筒应符合现行行业标准《钢筋连接用灌浆套筒》JG/T 398，灌浆料应符合《钢筋连接用套筒灌浆料》JG/T 408 的规定。

连接用焊接材料、螺栓和锚栓等紧固件的材料应符合国家现行标准《钢结构焊接规范》GB 50661 和《钢筋焊接及验收规程》JGJ 18 等的规定。

（3）基本规定

1）装配式结构的作用及作用组合应根据国家现行标准《建筑结构荷载规范》GB 50009、《建筑抗震设计规范》GB 50011、《高层建筑混凝土结构技术规程》JGJ 3、《混凝土结构工程施工规范》GB 50666、《混凝土结构设计规范》GB 50010、《装配式混凝土结构技术规程》JGJ 1、《装配式混凝土建筑技术标准》GB/T 51231 等确定。

2）预制构件在翻转、运输、吊运、安装等短暂设计状态下的施工验算，应将构件自重标准值乘以动力系数后作为等效静力荷载标准值。构件运输、吊装时动力系数宜取1.5；构件翻转及安装过程中就位、临时固定时，动力系数可取1.2。

3）预制构件进行脱模验算时，等效静力荷载标准值应取构件自重标准值乘以动力系数后与脱模吸附力之和，可根据现场实测确定，且不宜小于构件自重标准值的 1.5 倍。动力系数与脱模吸附力应符合下列规定：

① 动力系数不宜小于 1.2。

② 脱模吸附力应根据构件和模具的实际情况取用，且不宜小于 $1.5kN/m^2$。

（二）钢结构

结构主要由型钢和钢板等制成的钢梁、钢柱、钢桁架等构件组成，各构件或部件之间通常采用焊缝、螺栓或铆钉连接。因其自重较轻，且施工简便，广泛应用于大型厂房、场馆、公共及民用建筑等领域。

1. 材料选用

承重结构的钢材宜采用 Q235 钢、Q345 钢、Q390 钢和 Q420 钢，其质量应分别符合现行国家标准《碳素结构钢》GB/T700 和《低合金高强度结构钢》GB/T1591 的规定。

承重结构采用的钢材应具有抗拉强度、伸长率、屈服强度和硫、磷含量的合格保证，对焊接结构尚应具有碳含量的合格保证。

焊接承重结构以及重要的非焊接承重结构采用的钢材还应具有冷弯试验的合格保证。

2. 连接方式

钢结构的连接一般采用焊接连接、螺栓连接、铆钉连接等方式。

连接用焊接材料、螺栓和铆钉等紧固件的材料应符合现行国家标准《钢结构焊接规范》GB 50661、《钢筋焊接及验收规程》JGJ18、《钢结构设计规范》GB 50017 和《装配式钢结构建筑技术标准》GB/T 51232 等的规定。

3. 基本规定

（1）承重结构应进行承载能力极限状态设计。

（2）承重结构应进行正常使用极限状态设计。

（3）设计钢结构时，荷载的标准值、荷载分项系数、荷载组合值系数、动力荷载的动力系数等，应按照国家标准《建筑结构荷载规范》GB 50009 的规定采用。

（4）设计钢结构时，应从工程实际出发，合理选用材料、结构方案和构造措施，满足结构构件在运输、安装和使用过程中的强度、稳定性和刚度要求，并符合防火、防腐蚀要求。

（三）木结构

1. 材料选用

木材应经工厂加工制作，并应区分等级。木材力学性能指标、材质要求、材质等级和含水率要求应符合现行国家标准《木结构设计规范》GB 50005、《胶合木结构技术规范》GB/T 50708 及《装配式木结构建筑技术标准》GB/T 51233 的规定。

木结构构件燃烧性能及耐火极限应符合现行国家标准《建筑设计防火规范》GB 50016 的规定，选用的木材阻燃剂应符合现行国家标准《阻燃木材及阻燃人造板生产技术规范》GB/T 29407 的规定。

防腐木材应采用天然抗白蚁木材、经防腐处理的木材或天然耐久木材。

2. 连接方式

木结构采用连接方式有齿连接、螺栓连接、钉连接、齿板连接等连接方式。

3. 基本规定

（1）应采取加强结构体系整体性的措施。

（2）连接应受力明确、构造可靠，并应满足承载力、延性和耐久性的要求。

（3）应按预制组件采用的结构形式、连接构造方式和性能，确定结构的整体计算模型。

（四）混合结构

由钢框架、型钢混凝土框架、钢管混凝土框架与钢筋混凝土核心筒体所组成的共同承受水平和竖向作用的建筑结构。

1. 材料选用

混合结构中采用的钢管、型钢应符合现行国家标准《钢结构设计规范》GB 50017 的规定。

混合结构中采用的混凝土强度等级不应低于C30，混凝土的抗压强度和弹性模量应按现行国家标准《混凝土结构设计规范》GB 50010 执行。

用于混合结构中钢构件的焊接材料，应符合现行国家标准《非合金钢及细晶粒钢焊条》GB/T 5117 和《热强钢焊条》GB/T 5118 的规定。

普通螺栓和高强度螺栓连接的设计应按现行国家标准《钢结构设计规范》GB 50017 执行。

2. 连接方式

（1）混合结构中的钢管、型钢的连接采用焊接连接、螺栓连接等方式。

（2）混合结构中的钢筋采用绑扎搭接、机械连接、焊接等方式进行连接。

（3）钢管混凝土结构中的混凝土采用现场原位支模，或者直接利用钢管作为外模板，整体浇筑而成。

3. 结构布置

（1）混合结构的平面布置宜简单、规则、对称、具有足够的整体抗扭刚度，平面宜采用方形、矩形、多边形、圆形、椭圆形等规则平面，建筑的开间、进深宜统一。

（2）混合结构的竖向布置应使结构的侧向刚度和承载力沿竖向均匀变化、无突变、构件截面宜由下至上逐渐变小。

第三节　常用结构形式的适用范围

一、现浇钢筋混凝土结构、钢结构、混合结构的适用范围

根据《建筑抗震设计规范》GB 50011—2010 和《高层建筑混凝土结构技术规程》JGJ 3—2010 的规定，现浇钢筋混凝土结构、钢结构、混合结构房屋的最大适用高度见表 2-2，最大高宽比见表 2-3。

现浇钢筋混凝土结构、钢结构、混合结构房屋的最大适用高度（m）　　表 2-2

结构类型	烈度				
	6 度	7 度	8 度 (0.2g)	8 度 (0.3g)	9 度
钢筋混凝土框架结构	60	50	40	35	24

续表

结构类型		烈度				
		6度	7度	8度（0.2g）	8度（0.3g）	9度
钢筋混凝土框架-剪力墙结构		130	120	100	80	50
钢筋混凝土剪力墙结构		140	120	100	80	60
钢筋混凝土部分框支-剪力墙结构		120	100	80	50	不应采用
混合结构	钢框架-钢筋混凝土核心筒	200	160	120	100	70
	型钢（钢管）混凝土框架-钢筋混凝土核心筒	220	190	150	130	70

结构类型	6、7度（0.10g）	7度（0.15g）	8度（0.2g）	8度（0.3g）	9度
钢框架结构	110	90	90	70	50
钢框架-中心支撑	220	200	180	150	120
钢框架-偏心支撑（延性墙板）	240	220	200	180	160

现浇钢筋混凝土结构、钢结构、混合结构房屋适用的最大高宽比　　表 2-3

结构类型	非抗震设计	抗震设防烈度		
		6度、7度	8度	9度
钢筋混凝土框架结构	5	4	3	—
钢筋混凝土框架-剪力墙结构	7	6	5	4
钢筋混凝土剪力墙结构	7	6	5	4
钢框架、钢框支撑结构	—	6.5	6.0	5.5
钢框架、型钢（钢管）混凝土框架-钢筋混凝土核心筒	8	7	6	4

二、装配整体式混凝土结构的适用范围

根据《装配式混凝土结构技术规程》JGJ 1—2014 规定，装配整体式结构房屋的最大适用高度见表 2-4，最大高宽比见表 2-5。

装配整体式混凝土结构房屋的最大适用高度（m）　　表 2-4

结构类型	非抗震设计	抗震设防烈度			
		6度	7度	8度（0.2g）	8度（0.3g）
装配整体式框架结构	70	60	50	40	30
装配整体式框架-现浇剪力墙结构	150	130	120	100	80
装配整体式剪力墙结构	140（130）	130（120）	110（100）	90（80）	70（60）
装配整体式部分框支-现浇剪力墙结构	120（110）	110（100）	90（80）	70（60）	40（30）

注：房屋高度指室外地面到主要屋面的高度，不包括局部突出屋面的部分，当预制剪力墙构件底部承担总剪力大于该层总剪力的 80% 时，最大适用高度取括号内数值。

装配整体式混凝土结构房屋适用的高度最大高宽比　　　　　　表 2-5

结构类型	非抗震设计	抗震设防烈度	
		6 度、7 度	8 度
装配整体式框架结构	5	4	3
装配整体式框架-现浇剪力墙结构	6	6	5
装配整体式剪力墙结构	6	6	5

三、结构形式适用范围的比较

通过对装配式混凝土结构规范和现浇混凝土结构规范的比较，可以发现：

1. 除抗震设防烈度 8 度（0.3g）外，装配整体式混凝土框架结构与现浇混凝土框架结构适用高度是相同的。

2. 装配整体式混凝土框架-现浇剪力墙结构（剪力墙现浇、框架部分预制装配）与传统的现浇混凝土框架-剪力墙结构等同。

3. 装配式剪力墙结构在同等抗震烈度与现浇剪力墙结构相差 10～20m。装配式剪力墙结构与现浇剪力墙结构适用高度相差总体幅度取决于预制剪力墙构件底部承担总剪力值的大小。

第四节　装配整体式混凝土结构的基本要求

一、装配整体式混凝土建筑的总体要求

（一）装配整体式混凝土建筑应进行标准化、定型化设计。

1. 装配整体式混凝土建筑应进行标准化、模块化设计，符合少规格、多组合的原则实现项目的定型化，使基本单元、构件、建筑部品重复使用率高，以满足工业化生产的要求。

2. 标准化设计应结合本地区的气候等自然条件和技术经济的发展水平。

（二）标准层组合平面、基本户型设计要点应符合下列要求：

1. 宜采用大空间的平面布局方式，合理布置承重墙及管井位置，在满足住宅基本功能基础上，实现空间的灵活性、可变性，公共空间及户内各功能空间分区明确、布局合理。

2. 主体结构布置宜简单、规则，承重墙体上下对应贯通，平面凹凸变化不宜过多过深，平面体型符合结构设计的基本原则和要求。

3. 住宅平面设计应考虑卫生间、厨房及其设施、设备布置的标准化以及合理性，竖向管线宜集中设置管井，并宜优先采用集成式卫生间和厨房。

（三）预制构件的标准化设计应符合下列要求：

1. 预制构件或部件在单体建筑中规格少，在同类型构件中具有一定的重复使用率。

2. 外窗、集成式卫生间、整体橱柜、储物间等室内建筑部品在单体建筑中重复使用率高，并采用标准化接口、工厂化生产、装配化施工。

（四）非承重的预制外墙板、内墙板应与主体结构可靠连接，接缝处理应满足保温、防水、防火、隔声的要求。

（五）预制外墙挂板的接缝及门窗洞口等防水薄弱部位宜采用材料防水和构造防水相结合的做法，并应符合下列规定：

1. 墙板水平缝宜采用高低缝或企口缝构造。

2. 墙板竖缝可采用平口或槽口构造。

3. 当板缝空腔需设置导水管排水时，板缝内侧应增设气密密封构造。

4. 缝内应采用聚乙烯等背衬材料填塞后用耐候性密封胶密封。

（六）预制外墙的接缝（包括屋面女儿墙、阳台、勒脚等处的竖缝、水平缝、十字缝以及窗口处）应根据工程特点和自然条件等确定防水设防要求，进行防水设计。垂直缝宜选用结构防水与材料防水结合的两道防水构造，水平缝应选用构造防水与材料防水结合的两道防水构造。

（七）外墙板接缝处的密封胶应选用耐候性密封胶，具有与混凝土的相容性、低温柔性、防霉性及耐水性等材料性能，其最大伸缩变形量、剪切变形性能应满足设计要求。

二、装配整体式混凝土建筑工程设计

装配整体式混凝土建筑的设计应包括前期技术策划、方案设计、初步设计、施工图设计、构件深化（加工）图设计、室内装修设计等相关内容。

装配整体式混凝土建筑在各个阶段的设计深度除应符合国家现行标准的规定外，并应满足下列要求：

（1）前期技术策划应在项目规划审批立项前进行，并对项目定位、技术路线、成本控制、效率目标等做出明确要求，对项目所在区域的构件生产能力、施工装配能力、现场运输与吊装条件等进行技术评估确定适宜的装配率。

（2）方案设计阶段应对项目采用的预制构件类型、连接技术提出设计方案，对构件的加工制作、施工装配的技术经济性进行分析，并协调开发建设、建筑设计、构件制作、施工装配等各方要求，加强建筑、结构、设备、电气、装修等各专业之间的密切配合。

（3）初步设计是在建筑、结构设计以及机电设备、室内装修设计完成方案设计的基础上，由设计单位联合构件生产企业，结合预制构件生产工艺，以及施工单位的吊装能力、道路运输等条件，对预制构件的形状、尺度、重量等进行估算，并与建筑、结构、设备、电气、装修等专业进行初步的协调。

（4）施工图设计应由设计单位进一步结合预制构件生产工艺和施工单位初步的施工组织计划，在初步设计的基础上，建筑专业完善建筑立面及建筑功能，结构专业确定预制构件的布局及其形状和尺度，机电设备专业确定管线布局，室内装修进行部品设计，同时各专业完成统一协调工作，避免专业间的错漏碰缺。

三、混凝土预制构件深化设计

（一）预制构件制作前应进行深化设计，设计文件应包括以下内容：

（1）预制构件平面图、模板图、配筋图、安装图、预埋件及细部构造图等。

（2）带有饰面板材的构件应绘制板材模板图。

（3）夹心外墙板应绘制内外叶墙板拉结件布置图，保温板排板图。

（4）预制构件脱模、翻转过程中混凝土强度验算。

（二）构件深化设计应满足工厂制作、施工装配等相关环节承接工序的技术和安全要求，各种预埋件、连接件设计应准确、清晰、合理，并完成预制构件在短暂设计状况下的设计验算。

（三）项目应采用建筑信息化模型（BIM）进行建筑、结构、机电设备、室内装修一体化协同设计。

（四）项目应注重采用主体结构集成技术、外围护结构的承重、保温、装饰一体化集成技术、室内装饰装修集成技术的应用。

四、装配整体式混凝土结构预制构件制作

（1）预制构件的制作应有保证生产质量要求的生产工艺和设施设备，生产全过程应有健全的安全保证措施。

（2）预制构件的生产设施、设备应符合环保要求。

（3）预制构件制作应编制生产方案，并应由技术负责人审批后实施，包括生产计划、工艺流程、模具方案、质量控制、成品保护、运输方案等。

（4）预制构件生产的通用工艺流程如下：

模台清理→模具组装→钢筋加工安装→管线、预埋件等安装→混凝土浇筑→养护→脱模→表面处理→成品验收→运输存放。

（5）预制构件生产员工应根据岗位要求进行专业技能岗位培训。

（6）构件标识与交付

五、装配整体式混凝土结构装配施工

（1）装配整体式混凝土结构施工应具有健全的施工组织方案、技术标准、施工工法。

（2）预制构件安装施工前，应编制专项施工方案，并按设计要求对各工况进行施工验算和施工技术交底。

（3）装配整体式混凝土结构施工测量应编制专项施工方案。

（4）预制构件安装前，应制定构件安装流程，并按施工方案、工艺和操作规程的要求做好人、机、料的各项准备。

（5）预制构件安装应根据构件吊装顺序运抵施工现场，并根据构件编号、吊装计划和吊装序号在构件上标出序号，并在图纸上标出序号位置。

（6）未经设计允许不得对预制构件进行切割、开洞。

六、装配整体式混凝土结构质量验收

（一）预制构件的生产全过程应有健全的质量管理体系及相应的试验检测手段。

（二）预制构件的各种原材料在使用前应进行试验检测，其质量标准应符合现行国家标准的有关规定。

（三）预制构件的各种预埋件、连接件等在使用前应进行试验检测，其质量标准应符合现行国家标准的有关规定。

（四）预制构件的各项性能指标应符合设计要求，应建立构件标识系统，应有出厂质量检验合格报告、进场验收记录。

（五）装配整体式混凝土结构施工应具有健全的质量管理体系及相应的施工质量控制制度。

（六）装配整体式混凝土结构施工测量，除应符合现行国家标准《混凝土结构工程施工质量验收规范》GB 50204、《混凝土结构工程施工规范》GB 50666、《装配式混凝土建筑技术标准》GB/T 51231 和《装配式混凝土结构技术规程》JGJ 1 的规定外，尚应符合下列规定：

（1）熟悉施工图纸，明确设计对各分项工程精度和质量控制的要求。

（2）现浇结构尺寸的允许偏差控制值应能满足预制构件安装的要求，并采取与之配合的测量设备和控制方法。

（3）钢筋加工和安装位置的允许偏差应能满足预制构件安装和连接的要求，并采用相匹配的钢筋设备、定位工具和控制方法。

（4）现浇结构模板安装的允许偏差值和表面控制标准应与预制构件协调一致，并采用相匹配的模板类型和控制措施。

（七）预制构件安装前，预制构件、材料、预埋件、临时支撑等应按国家现行有关标准及设计要求验收合格。

第五节　建筑单体装配率

一、基本规定

装配率为单体建筑室外地坪以上的主体结构、围护墙和内隔墙、装修和设备管线等采用预制部品部件的综合比例。

（一）装配率计算和装配式建筑等级评价应以单体建筑作为计算和评价单元，并应符合下列规定：

（1）单体建筑应按项目规划批准文件的建筑编号确认。

（2）建筑由主楼和裙房组成时，主楼和裙房可按不同的单体建筑进行计算和评价。

（3）单体建筑的层数不大于 3 层，且地上建筑面积不超过 $500m^2$ 时，可由多个单体建筑组成建筑组团作为计算和评价单元。

（二）装配式建筑评价应符合下列规定：

（1）设计阶段宜进行预评价，并应按设计文件计算装配率。

（2）项目评价应在项目竣工验收后进行，并应按竣工验收资料计算装配率和确定评价等级。

（三）装配式建筑应同时满足下列要求：

（1）主体结构部分的评价分值不低于 20 分。

（2）围护墙和内隔墙部分的评价分值不低于 10 分。

（3）采用全装修。

（4）装配率不低于 50%。

（四）装配式建筑宜采用装配化装修。

二、装配率计算

（一）装配率应根据表 2-6 中评价项分值按下式计算：

$$P = \frac{Q_1 + Q_2 + Q_3}{100 - Q_4} \times 100\% \qquad (2-1)$$

式中：P——装配率；

Q_1——主体结构指标实际得分值。

Q_2——围护墙和内隔墙指标实际得分值。

Q_3——装修和设备管线指标实际得分值。

Q_4——评价项目中缺少的评价项分值总和。

装配式建筑评分表

表 2-6

评价项		评价要求	评价分值	最低分值
主体结构 （50分）	柱、支撑、承重墙、延性墙板等竖向构件	35%≤比例≤80%	20～30*	20
	梁、板、楼梯、阳台、空调板等构件	70%≤比例≤80%	10～20*	
围护墙和内隔墙 （20分）	非承重围护墙非砌筑	比例≥80%	5	10
	围护墙与保温、隔热、装饰一体化	50%≤比例≤80%	2～5*	
	内隔墙非砌筑	比例≥50%	5	
	内隔墙与管线、装修一体化	50%≤比例≤80%	2～5*	
装修和设备管线 （30分）	全装修	—	6	6
	干式工法楼面、地面	比例≥70%	6	—
	集成厨房	70%≤比例≤90%	3～6*	
	集成卫生间	70%≤比例≤90%	3～6*	
	管线分离	50%≤比例≤70%	4～6*	

注：表中带"＊"项的分值采用"内插法"计算，计算结果取小数点后 1 位。

（二）柱、支撑、承重墙、延性墙板等主体结构竖向构件主要采用混凝土材料时，预制部品部件的应用比例应按下式计算：

$$q_{1a} = \frac{V_{1a}}{V} \times 100\%$$

（2-2）

式中　q_{1a}——柱、支撑、承重墙、延性墙板等主体结构竖向构件中预制部品部件的应用比例；

V_{1a}——柱、支撑、承重墙、延性墙板等主体结构竖向构件中预制混凝土体积之和，符合下面第（三）条规定的预制构件间连接部分的后浇混凝土也可计入计算。

V——柱、支撑、承重墙、延性墙板等主体结构竖向构件混凝土总体积。

（三）当符合下列规定时，主体结构竖向构件间连接部分的后浇混凝土可计入预制混凝土体积计算。

（1）预制剪力墙板之间宽度不大于 600mm 的竖向现浇段和高度不大于 300mm 的水平后浇带、圈梁的后浇混凝土体积。

（2）预制框架柱和框架梁之间柱梁节点区的后浇混凝土体积。

（3）预制柱间高度不大于柱截面较小尺寸的连接区后浇混凝土体积。

（四）梁、板、楼梯、阳台、空调板等构件中预制部品部件的应用比例应按下式计算：

$$q_{1b} = \frac{A_{1b}}{A} \times 100\%$$

（2-3）

式中　q_{1b}——梁、板、楼梯、阳台、空调板等构件中预制部品部件的应用比例。

A_{1b}——各楼层中预制装配梁、板、楼梯、阳台、空调板等构件的水平投影面积之和。

A——各楼层建筑平面总面积。

（五）预制装配式楼板、屋面板的水平投影面积可包括：

（1）预制装配式叠合楼板、屋面板的水平投影面积。

（2）预制构件间宽度不大于 300mm 的后浇混凝土带水平投影面积。

（3）金属楼承板和屋面板、木楼盖和屋盖及其他在施工现场免支模的楼盖和屋盖的水平投影面积。

（六）非承重围护墙中非砌筑墙体的应用比例应按下式计算：

$$q_{2a} = \frac{A_{2a}}{A_{w1}} \times 100\% \tag{2-4}$$

式中　q_{2a}——非承重围护墙中非砌筑墙体的应用比例。

　　A_{2a}——各楼层非承重围护墙中非砌筑墙体的外表面积之和，计算时可不扣除门、窗及预留洞口等的面积。

　　A_{w1}——各楼层非承重围护墙外表面总面积，计算时可不扣除门、窗及预留洞口等的面积。

（七）围护墙采用墙体、保温、隔热、装饰一体化的应用比例应按下式计算：

$$q_{2b} = \frac{A_{2b}}{A_{w2}} \times 100\% \tag{2-5}$$

式中　q_{2b}——围护墙采用墙体、保温、隔热、装饰一体化的应用比例。

　　A_{2b}——各楼层围护墙采用墙体、保温、隔热、装饰一体化的墙面外表面积之和，计算时可不扣除门、窗及预留洞口等的面积。

　　A_{w2}——各楼层围护墙外表面总面积，计算时可不扣除门、窗及预留洞口等的面积。

（八）内隔墙中非砌筑墙体的应用比例应按下式计算：

$$q_{2c} = \frac{A_{2c}}{A_{w3}} \times 100\% \tag{2-6}$$

式中　q_{2c}——内隔墙中非砌筑墙体的应用比例。

　　A_{2c}——各楼层内隔墙中非砌筑墙体的墙面面积之和，计算时可不扣除门、窗及预留洞口等的面积。

　　A_{w3}——各楼层内隔墙墙面总面积，计算时可不扣除门、窗及预留洞口等的面积。

（九）内隔墙采用墙体、管线、装修一体化的应用比例按下式计算：

$$q_{2d} = \frac{A_{2d}}{A_{w3}} \times 100\% \tag{2-7}$$

式中　q_{2d}——内隔墙采用墙体、管线、装修一体化的应用比例。

　　A_{2d}——各楼层内隔墙采用墙体、管线、装修一体化的墙面面积之和，计算时可不扣除门、窗及预留洞口等的面积。

（十）干式工法楼面、地面的应用比例应按下式计算：

$$q_{3a} = \frac{A_{3a}}{A} \times 100\% \tag{2-8}$$

式中　q_{3a}——干式工法楼面、地面的应用比例。

　　A_{3a}——各楼层采用干式工法楼面、地面的水平投影面积之和。

（十一）集成厨房的橱柜和厨房设备等应全部安装到位，墙面、顶面和地面中干式工法的应用比例应按下式计算：

$$q_{3b} = \frac{A_{3b}}{A_k} \times 100\% \qquad (2-9)$$

式中　q_{3b}——集成厨房干式工法的应用比例。

　　　　A_{3b}——各楼层厨房墙面、顶面和地面采用干式工法的面积之和。

　　　　A_k——各楼层厨房的墙面、顶面和地面的总面积。

（十二）集成卫生间的洁具设备等应全部安装到位，墙面、顶面和地面中干式工法的应用比例应按下式计算：

$$q_{3c} = \frac{A_{3c}}{A_b} \times 100\% \qquad (2-10)$$

式中　q_{3c}——集成卫生间干式工法的应用比例。

　　　　A_{3c}——各楼层卫生间墙面、顶面和地面采用干式工法的面积之和。

　　　　A_b——各楼层卫生间墙面、顶面和地面的总面积。

（十三）管线分离比例应按下式计算：

$$q_{3d} = \frac{L_{3d}}{L} \times 100\% \qquad (2-11)$$

式中　q_{3d}——管线分离比例。

　　　　L_{3d}——各楼层管线分离的长度，包括裸露于室内空间以及敷设在地面架空层、非承重墙体空腔和吊顶内的电气、给水排水和采暖管线长度之和。

　　　　L——各楼层电气、给水排水和采暖管线的总长度。

三、评价等级划分

（一）当评价项目满足《装配式建筑评价标准》GB/T 51129 规定，且主体结构竖向构件中预制部品部件的应用比例不低于 35% 时，可进行装配式建筑等级评价。

（二）装配式建筑评价等级应划分为 A 级、AA 级、AAA 级，并应符合下列规定：

（1）装配率为 60%～75% 时，评价为 A 级装配式建筑。

（2）装配率为 76%～90% 时，评价为 AA 级装配式建筑。

（3）装配率为 91% 及以上时，评价为 AAA 级装配式建筑。

四、幕墙装配率的认定

对于幕墙是否列入预制外墙的范畴，可以按照以下原则进行认定：

外墙采用单元式幕墙且满足国家和地方建筑节能标准要求，可认定为预制装配式外墙。单元式幕墙仅作为外部装饰构件且内部还存在内衬墙体的，不认定该单元式幕墙为预制装配式外墙。

五、钢构件装配率的认定

钢构件是在工厂制造的预制构件，运送到工地以后，通过螺栓连接和焊接的方式进行连接，从而形成整体的结构，因此，钢构件符合预制构件的基本特征，应当认定为预制构件。

在认定建筑单体装配率的时候，凡遇到柱、梁、楼板、楼梯、斜支撑等钢构件，应当按照预制构件进行统计。

六、木构件装配率的认定

木构件是在工厂加工制造的预制构件，运送到工地以后，通过螺栓或卯榫连接的方式进行连接，从而形成整体的结构，因此，木构件符合预制构件的基本特征，应当认定为预制构件。

在认定建筑单体装配率的时候，凡遇到柱、梁、楼板、楼梯、斜支撑等木构件，应当按照预制构件进行统计。

第三章　装配整体式混凝土结构材料、构件及制作

第一节　装配整体式混凝土结构的主要材料

装配整体式混凝土结构的主要材料包括：钢筋、混凝土、连接材料、保温材料、预埋螺栓等。

一、钢筋

钢筋是指钢筋混凝土用和预应力钢筋混凝土用钢材，包括光圆钢筋、带肋钢筋和预应力钢筋。

钢筋自身具有较好的抗拉、抗压强度，同时与混凝土之间具有良好的握裹力，因此两者结合形成的钢筋混凝土，既充分发挥了混凝土的抗压强度，又充分发挥了钢筋的抗拉强度，是一种耐久性、防火性很好的结构受力材料。

装配整体式结构中，钢筋的各项力学性能指标均应符合现行国家标准《混凝土结构设计规范》GB 50010 的规定，其中采用套筒灌浆连接和浆锚搭接连接的钢筋应采用热轧带肋钢筋。

预制混凝土构件用钢筋应符合现行国家标准《钢筋混凝土用钢　第 1 部分：热轧光圆钢筋》GB/T 1499.1、《钢筋混凝土用钢　第 2 部分：热轧带肋钢筋》GB/T 1499.2、《冷轧带肋钢筋》GB 13788 等有关规定，并应符合以下要求：

（1）受力钢筋宜使用 HRB400 和 HRB500 的热轧钢筋。

（2）进场钢筋应按规定进行见证取样检测，检验合格后方可使用。

（3）钢筋进场应按批次的级别、品种、直径和外形分类码放并注明产地、规格、品种和质量检验状态等。

（4）预制混凝土构件用钢筋应具备质量证明文件并符合设计要求。

（5）预制混凝土构件中的钢筋焊接网应符合现行国家标准《钢筋混凝土用钢　第 3 部分：钢筋焊接网》GB/T 1499.3 的有关规定。

二、混凝土

混凝土是指由胶凝材料、骨料和水按适当的比例配合、拌合制成混合物，经一定时间硬化而成的人造石材，在装配整体式混凝土结构中主要用于制作预制混凝土构件和现场后浇。

混凝土的材料要求：装配整体式结构中，混凝土的各项力学性能指标和有关结构耐久性的要求应符合现行国家标准《混凝土结构设计规范》GB 50010 的规定，预制构件的混凝土强度等级不宜低于 C30，预制预应力构件混凝土的强度等级不宜低于 C40，且不应低于 C30，现浇混凝土的强度等级不应低于 C25。

三、连接材料

装配整体式混凝土结构的连接材料主要有钢筋连接用灌浆套筒和灌浆料。

1. 套筒

（1）套筒灌浆连接接头在同截面布置时，接头性能应达到钢筋机械连接接头的最高性能等级，国内建筑工程的接头应满足现行国家行业标准《钢筋机械连接技术规程》JGJ 107 中的 I 级性能指标，套筒的各项指标应符合《钢筋连接用灌浆套筒》JG/T 398 的标准要求。

（2）套筒采用铸造工艺制造时宜选用球墨铸铁，套筒采用机械加工工艺制造时宜选用优质碳素结构钢、低合金高强度结构钢、合金结构钢或其他经过型式检验确定符合要求的钢材。

采用球墨铸铁制造的套筒，材料应符合《球墨铸铁件》GB/T 1348 的规定，其材料性能尚应符合表 3-1 的规定。

球墨铸铁套筒的材料性能　　　　　表 3-1

项目	性能指标
抗拉强度（MPa）	≥600
延伸率（%）	≥3
球化率（%）	≥85

（3）采用优质碳素结构钢、低合金高强度结构钢、合金结构钢加工的套筒，其材料的机械性能应符合《优质碳素结构钢》GB/T 699、《结构用无缝钢管》GB/T 8162、《低合金高强度结构钢》GB/T 1591 和《合金结构钢》GB/T 3077 的规定，同时尚应符合表 3-2 的规定。

合金钢套筒的材料性能　　　　　表 3-2

项目	性能指标
屈服强度（MPa）	≥355
抗拉强度（MPa）	≥600
延伸率（%）	≥16

套筒表面应刻印清晰、持久性标志，标志应至少包括厂家代号、套筒类型代号、特性代号、主参数代号及可追溯材料性能的生产批号等信息，生产批最大可为同炉号、同规格套筒，套筒批号应与原材料检验报告、发货凭单、产品检验记录、产品合格证等记录相对应。

产品出厂附带产品合格证：产品合格证内容应包括：产品名称；套筒型号、规格；适用钢筋强度级别；生产批号；材料牌号；数量；检验结论；检验合格签章；企业名称、邮编、地址、电话、传真。

套筒的型号：主要由类型代号、特征代号、主参数代号和产品更新变形代号组成。

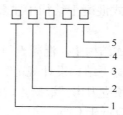

1—类型代号，灌浆套筒用 GT 表示。

2—特征代号，"T"表示全灌浆套筒，G 表示滚轧直螺纹灌浆套筒。

3—钢筋强度级别主参数代号，4 表示 400 及以下级，5 表示 500 级。

4—钢筋直径主参数代号，用 XX/XX 表示，前面的 XX 表示灌浆端钢筋的直径，后面的 XX 表示非灌浆端的钢筋直径，全灌浆套筒后面的直径省略。

5—更新、变型代号，用大写英文字母顺序表示，A，B，C……

示例：连接 400 级钢筋、直径 40mm 的全灌浆套筒表示为：GT440。

连接 500 级钢筋，灌浆端直径为 36mm，非灌浆端直径为 32mm 的剥肋滚轧直螺纹灌浆套筒的第一次变型表示为：GTB 536/32A。

套筒灌浆连接应采用由接头式检验确定的相匹配的灌浆套筒、灌浆料，预制构件内已安装的灌浆套筒，其接头型式检验报告中的灌浆料为首选材料，如安装施工单位选择其他型号的灌浆料，则由现场施工单位为接头提供单位完成灌浆套筒和其他灌浆料相配合使用的接头型式检验，注意接头型式检验的灌浆套筒必须确保与构件所用的灌浆套筒一致，取得合格的接头型式检验报告后，再采用预制构件所使用的同批号钢筋和灌浆套筒，补充完成原批号套筒灌浆接头抗拉强度试验，全部合格后，方可实施构件的安装和连接施工。

根据《装配式混凝土结构技术规程》JGJ 1 中 11.1.4 规定：预制结构构件采用钢筋套筒灌浆连接时，应在构件生产前进行钢筋套筒灌浆连接接头的抗拉强度试验，每种规格的连接接头试件数量不少于 3 个。根据《钢筋套筒灌浆连接应用技术规程》JGJ 355 规定，灌浆套筒及灌浆料进场后，灌浆套筒进场不超 1000 个抽取 10 个进行外观检测，灌浆料进场不超 50t，检测灌浆料拌合物的流动度、泌水率、竖向膨胀率及抽取灌浆料制作试件等检测，同一型号，同一批次，不超过 1000 个为一批，抽取 3 个套筒做对中接头试验。验证灌浆料与灌浆套筒的匹配性：

1）将两个注浆口封堵。

2）按灌浆料说明书比例制作灌浆料拌合物，搅拌结束后静止 2min。

3）从套筒上部开口注入拌合物，然后插入配套钢筋，并用相应工装固定。

养护方法：标准养护条件下养护 28d，注意钢筋防锈。

接头试件应满足《钢筋套筒灌浆连接应用技术规程》JGJ 335 中 3.2.2、3.2.3、3.2.6 的规定，机械连接部分，应满足《钢筋机械连接技术规程》JGJ 107 的要求，灌浆套筒的工艺检验应在预制构件生产前进行。

2. 钢筋连接接头灌浆料

钢筋连接接头灌浆料以水泥为基本材料，配以适当的细骨料，以及混凝土外加剂和其他材料组成的干混料，加水搅拌后具有良好的流动性、早强、高强、微膨胀等性能，填充于套筒和带肋钢筋间隙内的干粉料。

钢筋套筒灌浆连接用灌浆料应符合现行行业标准《钢筋套筒灌浆连接应用技术规程》JGJ 355 和《钢筋套筒灌浆连接用套筒灌浆料》JG/T 408 的有关规定，且应符合表 3-3、表 3-4 的要求。

钢筋套筒灌浆料技术性能要求 表 3-3

检测项目		性能指标
流动度（mm）	初始	≥300
	30min	≥260

续表

检测项目		性能指标
抗压强度（MPa）	1d	≥35
	3d	≥60
	28d	≥85
竖向自由膨胀率	24h与3h差值	0.02%～0.5%
氯离子含量（%）		≤0.03
泌水率（%）		0

钢筋浆锚搭接灌浆料技术性能要求　　　　　　　　　表 3-4

钢筋浆锚搭接连接用灌浆料应采用专业厂家生产的水泥基		性能指标	试验方法
泌水率（%）		0	《普通混凝土拌合物性能试验方法标准》GB/T 50080
流动度（mm）	初始	≥200	《普通混凝土拌合物性能试验方法标准》GB/T 50080
	30min保留值	≥150	
竖向膨胀率（%）	3h	≥0.02	《水泥基灌浆材料应用技术规范》GB/T 50448
	24h与3h的膨胀值之差	0.02～0.5	
抗压强度（MPa）	1d	≥35	《水泥基灌浆材料应用技术规范》GB/T 50448
	3d	≥55	
	28d	≥80	
氯离子含量（%）		≤0.06	《混凝土外加剂匀质性试验方法》GB/T 8077

　　灌浆料流动度是保证套筒灌浆连接施工的关键性能指标，灌浆施工环境的温、湿度差异，影响着灌浆料的可操作性，在任何情况下，流动度低于要求值的灌浆料都不能用于灌浆料连接施工，以防止构件灌浆失败造成事故。为此，在灌浆施工前，应首先进行流动度的检测，在流动度值满足要求后方可施工，施工中注意灌浆时间应短于灌浆料具有规定流动度值的时间（可操作时间）。

　　交货时生产厂家应提供产品合格证、使用说明书、产品质量检测报告，包装袋上应标明产品名称、净重量、生产厂家（包括单位地址、电话）、生产批号、生产日期等。

四、其他材料

（一）保温材料

　　保温材料依据材料性能来分类，大体分为有机材料、无机材料和复合材料，不同的保温材料性能各异，材料的导热系数数值的大小是恒量保温材料的重要指标。夹心外墙板宜采用 EPS 板或 XPS 板等作为保温材料，保温材料除应符合设计要求外，尚应符合表 3-5 要求。夹心外墙板中的保温材料导热系数不宜大于 $0.04W/(m \cdot K)$，体积比吸水率不宜大于 0.3%，燃烧性能不应低于现行国家标准《建筑材料及制品燃烧性能分级》GB 8624

中 B2 级的要求。

EPS 板全称聚苯乙烯泡沫板，又名泡沫板，是由含有挥发性液体发泡剂的可发性聚苯乙烯珠粒，经加热预发后在模具中加热成型的具有微细闭孔结构的白色固体，主要性能指标应符合表 3-5 的规定，其他性能指标应符合现行国家标准《绝热用模塑聚苯乙烯泡沫塑料》GB/T 10801.1 的有关规定。

XPS 板全称挤塑聚苯板，也是聚苯板的一种，只不过生产工艺是挤塑成型，以聚苯乙烯树脂或其共聚物为主要成分，添加少量添加剂，通过加热挤塑成型而制得的具有闭孔结构的硬质泡沫塑料制品。挤塑聚苯板也是集防水和保温作用于一体的，刚度大，抗压性能好，导热系数低。

EPS 和 XPS 板主要性能指标　　　　　　表 3-5

项目	单位	性能指标		试验方法
		EPS 板	XPS 板	
表观密度	kg/m³	20～30	30～35	《泡沫塑料和橡胶表观(体积)密度的测定》GB/T 6343
导热系数	W/(m·K)	≤0.041	≤0.03	《绝热材料稳态热阻及有关特性的测定》GB/T 10294
压缩强度	MPa	≥0.10	≥0.20	《硬质泡沫塑料压缩性能的测定》GB/T 8813
燃烧性能	—	不低于 B₂ 级		《建筑材料及制品燃烧性能分级》GB 8624
尺寸稳定性	%	≤3	≤2.0	《硬质泡沫塑料　尺寸稳定性试验方法》GB/T 8811
吸水率（体积分数）	%	≤4	≤1.5	《硬质泡沫塑料吸水率的测定》GB/T 8810

（二）预制夹心保温墙体用连接件

1. 外墙保温拉结件是用于连接预制保温墙体内、外层混凝土墙板，传递墙板剪力，以使内外层墙板形成整体的连接器。拉结件宜选用纤维增强复合材料或不锈钢薄钢板加工制成，供应商应提供明确的材料性能和连接性能技术标准要求，当有可靠依据时，也可采用其他类型拉结件，如图 3-1～图 3-8 所示。

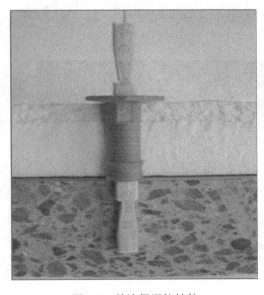

图 3-1　外墙保温拉结件　　　　　　　　图 3-2　外墙保温拉结件连接

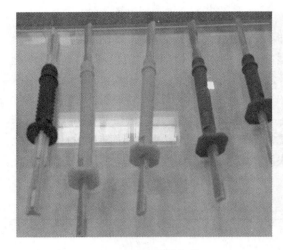

图 3-3　玻璃纤维钢筋

图 3-4　玄武岩纤维钢筋

图 3-5　SPA 拉结件

图 3-6　SPA 拉结件埋设

图 3-7　BGW 片式不锈钢拉结件

图 3-8　BGW 筒式不锈钢拉结件

2. 预制夹心保温墙板中内外叶墙体采用的连接件应满足下列规定：

（1）连接件采用的材料应满足国家现行标准的技术要求。

（2）连接件与混凝土的锚固力应符合设计要求，还应具有良好的变形能力并满足防腐和耐久性要求。

（3）连接件的密度、拉伸强度、拉伸弹性模量、断裂伸长率、热膨胀系数、耐碱性、防火性能、导热系数等性能应满足国家现行相关标准的规定，并应经过试验验证。

（4）拉结件应满足夹心外墙板的节能设计要求。

3. 连接件的设置方式应满足以下要求：

（1）棒状或片状连接件宜采用矩形或梅花形布置，间距一般为 400～600mm，连接件距墙体洞口边缘距离一般为 100～200mm，当有可靠依据时，也可按设计要求确定。

（2）连接件的锚入方式、锚入深度、保护层厚度等参数应满足国家现行标准的规定。

（三）预埋件

预埋件的材料、品种、规格、型号应符合国家相关标准规定和设计要求。

预埋件的防腐防锈应满足现行国家标准《工业建筑防腐蚀设计规范》GB 50046 和《涂装前钢材表面锈蚀等级和防锈等级》GB/T 8923 的规定。

预埋管线的材料、品种、规格、型号应符合国家相关标准规定和设计要求，管线的防腐防锈应满足现行国家标准《工业建筑防腐蚀设计规范》GB 50046 和《涂装前钢材表面锈蚀等级和防锈等级》GB/T 8923 的规定。

预制构件中的预埋件一般有吊点、施工安装加固点、构件连接预埋（剪力墙结构）、后浇混凝土模板加固点、外挂安全平台吊点（外墙板）等，如图 3-9～图 3-13 所示。

图 3-9 内螺纹螺栓

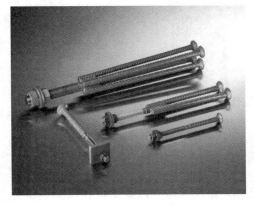

图 3-10 内丝套筒

图 3-11 圆头吊钉、套筒吊钉、平板吊钉

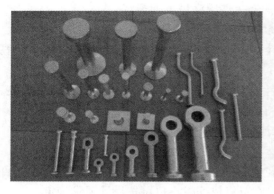

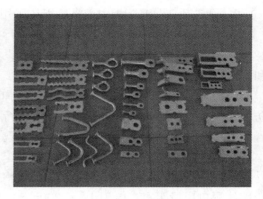

图 3-12　各类圆头吊钉　　　　　　　　　图 3-13　平板吊钉

（四）外装饰材料

涂料和面砖等外装饰材料质量、粘结力拉拔试验等应满足现行相关标准和设计要求，当采用面砖饰面时，宜选用背面带燕尾槽的面砖，燕尾槽尺寸应符合工程设计和相关标准要求，其他外装饰材料应符合相关标准规定。

第二节　装配整体式混凝土结构的基本构件

装配整体式混凝土结构的基本构件主要包括柱、梁、剪力墙、楼（屋）面板、楼梯、阳台、空调板、女儿墙等，这些主要受力构件通常在工厂预制加工完成，待强度符合规定要求后进行现场装配施工。

一、预制混凝土柱

从制造工艺上看，预制柱包括预制实心柱（图 3-14）和预制柱壳两种形式，混凝土柱的外观多种多样，包括矩形、圆形和工字形等，在满足运输和安装要求的前提下，预制柱的长度可达到 12m 或更长。

二、预制混凝土梁

预制混凝土梁根据制造工艺不同可分为预制实心梁、预制叠合梁两类，如图 3-15、图 3-16所示。预制实心梁制作简单，构件自重较大，多用于厂房和多层建筑中。预制叠合梁便于预制柱和叠合楼板连接，整体性较强，应用十分广泛。预制梁壳通常用于梁截面较大或起吊重量受到限制的情况，优点是便于现场钢筋的绑扎，缺点是预制工艺较复杂。

图 3-14　预制混凝土实心柱

按是否采用预应力来划分，预制混凝土梁可分为预制预应力混凝土梁和预制非预应力混凝土梁，预制预应力混凝土梁集合了预应力技术节省钢筋、易于安装的优点，生产效率高、施工速度快，在大跨度全预制多层框架结构厂房中具有良好的经济性。

图 3-15　搁置于柱上的预制 L 形实心梁　　　　图 3-16　预制叠合梁

三、预制混凝土剪力墙

预制混凝土剪力墙从受力性能角度分为预制实心剪力墙和预制叠合剪力墙。

（一）预制实心剪力墙

预制实心剪力墙是指将混凝土剪力墙在工厂预制成实心构件，并在现场通过预留钢筋与主体结构相连接，如图 3-17 所示。随着灌浆套筒在预制剪力墙中的使用，预制实心剪力墙的应用越来越广泛。

预制混凝土夹心保温剪力墙是一种结构保温一体化的预制实心剪力墙，由外叶、内叶和中间层三部分组成，内叶是预制混凝土实心剪力墙，中间层为保温隔热层，外叶为保温隔热层的保护层，保温隔热层与内外叶之间采用拉结件连接，拉结件可以采用玻璃纤维钢筋或不锈钢拉结件，预制混凝土夹心保温剪力墙通常作为建筑物的承重外墙，如图 3-18 所示。

图 3-17　预制实心剪力墙　　　　图 3-18　预制混凝土夹心保温剪力墙

（二）预制叠合剪力墙

预制叠合剪力墙是指一侧或两侧均为预制混凝土墙板，在另一侧或中间部位现浇混凝土从而形成共同受力的剪力墙结构，如图 3-19 所示。预制叠合剪力墙结构在国外有着广泛的运用，在上海和合肥等地已有所应用，它具有制作简单、施工方便等优势。

图 3-19　预制叠合剪力墙

四、预制混凝土楼面板

预制混凝土楼面板按照制造工艺不同可分为钢筋桁架混凝土叠合板、预制带肋底板混凝土叠合楼板、预应力混凝土钢管桁架叠合板、预制混凝土空心板、预制混凝土双 T 板等。

钢筋桁架混凝土叠合板属于半预制构件，下部为预制混凝土板，外露部分为桁架钢筋，如图 3-20、图 3-21 所示。预制混凝土叠合板的预制部分厚度通常为 60mm，叠合楼板在工地安装到位后要进行二次浇筑，从而成为整体实心楼板。桁架钢筋的主要作用是将后浇筑的混凝土层与预制底板形成整体，并在制作和安装过程中提供刚度，伸出预制混凝土层的桁架钢筋和粗糙的混凝土表面保证了叠合楼板预制部分与现浇部分能有效结合成整体。

图 3-20　桁架钢筋混凝土叠合板

图 3-21　桁架钢筋混凝土叠合板安装

预制带肋底板混凝土叠合楼板又称"PK 预应力混凝土叠合板"，是一种先张法制作的预应力混凝土叠合板，其特点为自重轻，每平方米仅为 110kg 左右；采用 1570 级高强预应力钢丝，抗拉强度为三级钢的 4.2 倍；承载能力强，破坏性试验承载力每平方米可达 1.5t；由于采用了预应力，极大地提高了混凝土的抗裂性能；由于采用了 T 型肋，现浇混凝土形成倒 T 形，新老混凝土互相咬合，新混凝土流到孔中又形成销栓作用；浇筑叠合层前不需要支撑，浇筑叠合层时需要支撑少，可穿插施工，节约工期，如图 3-22 所示。

预应力混凝土钢管桁架叠合板又称"PKⅢ型预应力混凝土叠合板"，是一种先张法制作的预应力混凝土叠合板，其特点为底板厚度 35～40mm，上部受压区采用钢管桁架，钢管内注入砂浆，保证了在

图 3-22　预制带肋底板混凝土叠合楼板安装

用钢量最小的情况下有足够的刚度，板型薄，叠合后最薄可以做到 120mm 左右，主受力方向钢筋为预应力钢筋，另外方向钢筋施工时后穿，形成双向板，一面出胡子筋，安装方便，支撑少，无补空板，板幅大、自重小，最大可做到 $3\times12m^2$，容重仅为 $85kg/m^2$ 左右，用自承式长线张拉，钢筋下料、混凝土布料、起板、转运、清扫全部采用自动化，生产效率高，如图 3-23、图 3-24 所示。

图 3-23　预应力混凝土钢管桁架叠合板　　　　图 3-24　预应力混凝土钢管桁架叠合板施工

预制混凝土空心板和预制混凝土双 T 板通常适用于较大跨度的多层建筑，如图 3-25、图 3-26 所示。预应力双 T 板跨度可达 20m 以上，如用高强轻质混凝土则可达 30m 以上。

图 3-25　预制混凝土空心板　　　　　　　　图 3-26　预制混凝土双 T 板

五、预制混凝土楼梯

预制混凝土楼梯外观更加美观，避免在现场支模，节约工期。预制简支楼梯受力明确，安装后可做施工通道，解决垂直运输问题，保证了逃生通道的安全，如图 3-27 所示。

六、预制混凝土阳台、空调板、女儿墙

（一）预制混凝土阳台

预制混凝土阳台通常包括预制实心阳台和预制叠合阳台（图 3-28）。预制阳台板能够克服现浇阳台的缺点，解决了阳台支模复杂，现场高空作业费时费力的问题。

图 3-27 预制楼梯   图 3-28 预制叠合阳台

（二）预制混凝土空调板

预制混凝土空调板通常采用预制实心混凝土板，板侧预留钢筋与主体结构相连，预制空调板通常与外墙板相连，预制空调板如图 3-29 所示。

（三）预制混凝土女儿墙

女儿墙处于屋顶处外墙的延伸部位，通常有立面造型，采用预制混凝土女儿墙的优势是能快速安装，节省工期并提高耐久性。女儿墙可以是单独的预制构件，也可以是顶层的墙板向上延伸，顶层外墙与女儿墙预制为一个构件，如图 3-30 所示。

图 3-29 预制空调板   图 3-30 预制女儿墙

第三节 围 护 构 件

围护构件是指围合、构成建筑空间，抵御环境不利影响的构件，本章中只展开讲解外围护墙和预制内隔墙相关内容，其余部分不再在章节中赘述。外围护墙用以抵御风雨、温度变化、太阳辐射等，应具有保温、隔热、隔声、防水、防潮、耐火、耐久等性能，内隔墙起分隔室内空间作用，应具有隔声、隔视线以及某些特殊要求的性能。

一、外围护墙

预制混凝土外围护墙板是指预制商品混凝土外墙构件，包括预制混凝土叠合（夹心）

墙板、预制混凝土夹心保温外墙板和预制混凝土外墙挂板。外墙板除应具有隔声与防火的功能外，还应具有隔热保温、抗渗、抗冻融、防碳化等作用和满足建筑艺术装饰的要求，外墙板可用轻集料单一材料制成，也可采用复合材料（结构层、保温隔热层和饰面层）制成。

预制混凝土外围护墙板采用工厂化生产，现场进行安装的施工方法，具有施工周期短、质量可靠（对防止裂缝、渗漏等质量通病十分有效）、节能环保（耗材少，减少扬尘和噪声等）、工业化程度高及劳动力投入量少等优点，在国内外的住宅建筑上得到了广泛运用。

根据制作结构不同，预制外墙结构分为预制混凝土夹心保温外墙板和预制混凝土外墙挂板。

（一）预制混凝土夹心保温外墙板

预制混凝土夹心保温外墙板是集承重、围护、保温、防水、防火等功能为一体的重要装配式预制构件，由内叶墙板、保温材料、外叶墙板三部分组成。

夹心外墙板宜采用平模工艺生产，生产时应先浇筑外叶墙板混凝土层，再安装保温材料和拉结件，最后浇筑内叶墙板混凝土，可以使保温材料与结构同寿命。

（二）预制混凝土外墙挂板

预制混凝土外墙挂板是在预制车间加工的运输到施工现场吊装的钢筋混凝土外墙板，在板底设置预埋铁件通过与楼板上的预埋螺栓连接使底部与楼板固定，再通过连接件使顶部与楼板固定，如图 3-31 所示。在工厂采用工业化生产，具有施工速度快、质量好、费用低的特点。

根据工程需要可设计成集保温、墙体围护于一体的复合保温外墙挂板，也可以作为复合墙体的外装饰挂板。

图 3-31　预制混凝土外墙挂板

预制外挂墙板与主体结构的连接采用柔性连接构造，主要有点支撑和线支撑两种安装方式，按装配式结构的装配工艺分类应该属于"干作法"。

根据以上外挂墙板的特点，首先必须重视外挂节点的安装质量保证其可靠性，对于外挂墙板之间必须有的构造"缝隙"，必须进行填缝处理和打胶密封。

混凝土外墙挂板可充分体现大型公共建筑外墙独特的表现力，外墙挂板具有防腐蚀、耐高温、抗老化、无辐射、防火、防虫、不变形等基本性能，同时还要求造型美观、施工简便、环保节能等。

二、预制内隔墙

预制内隔墙板按成型方式分为挤压成型墙板和立（或平）模浇筑成型墙板两种。

（一）挤压成型墙板

挤压成型墙板，也称预制条形内墙板，是在预制工厂使用挤压成型机将轻质材料搅拌均匀的料浆通过进入模板（模腔）成型的墙板，如图 3-32 所示。按断面不同分空心板、实心板两类，在保证墙板承载和抗剪前提下可以将墙体断面做成空心，这样可以有效降低墙体的重量并通过墙体空心处空气的特性提高隔断房间内保温、隔声效果，门边板端部为实心板，实心宽度不得小于 100mm。

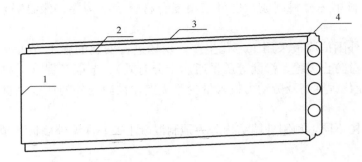

图 3-32　挤压成型墙板（空心）结构图
1—板端；2—板边；3—接缝槽；4—榫头

没有门洞口的墙体，应从墙体一端开始沿墙长方向顺序排板，对于有门洞口的墙体，应从门洞口开始分别向两边排板，当墙体端部的墙板不足一块板宽时，应设计补空板。

（二）立（或平）模浇筑成型墙板

立（或平）模浇筑成型墙板，也称预制混凝土整体内墙板，是在预制车间按照所需样式使用钢模具拼接成型，浇筑或摊铺混凝土制成的墙体。

根据受力不同，内墙板使用单种材料或者多种材料加工而成，用聚苯乙烯泡沫板材、聚氨酯泡沫塑料、无机墙体保温隔热材料等轻质材料填充到墙体之中，可以减少混凝土用量，绿色环保，减少室内热量与外界的交换，增强墙体的隔声效果，并通过墙体自重的减轻而降低运输和吊装的成本。

第四节　预制构件连接

装配整体式结构中，构件与接缝处的纵向钢筋应根据接头受力、施工工艺等情况的不同，选用钢筋套筒灌浆连接、焊接连接、浆锚搭接连接、机械连接、绑扎连接、混凝土连接等连接方式。

一、构件连接

（一）钢筋套筒灌浆连接

1. 钢筋套筒灌浆连接的分类

按照钢筋与套筒的连接方式不同，可分为全灌浆连接和半灌浆连接两种，如图 3-33 所示。

全灌浆接头（b）是传统的灌浆连接接头形式，套筒两端的钢筋均采用灌浆连接，两端钢筋均是带肋钢筋。半灌浆接头（a）是一端钢筋用灌浆连接，另一端采用非灌浆方法（例如螺纹连接）连接的接头。

2. 钢筋套筒灌浆连接在装配整体式结构中的应用

套筒灌浆连接主要适用于装配整体式混凝土结构的预制剪力墙、预制柱等预制构件的纵向钢筋连接，也可用于叠合梁等后浇部位的纵向钢筋连接，如图 3-34、图 3-35 所示。

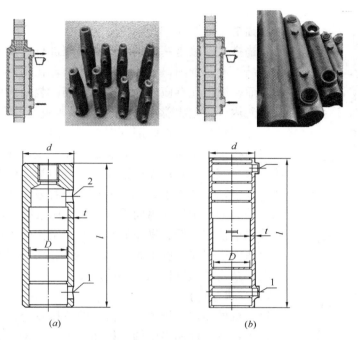

图 3-33　灌浆套筒剖面图

（a）半灌浆接头；（b）全灌浆接头

1—灌浆孔；l—套筒总长；2—排浆孔；d—套筒外径；D—套筒锚固段环形突起部分的内径

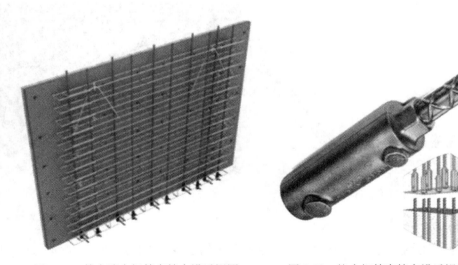

图 3-34　剪力墙内钢筋套筒布设透视图　　　图 3-35　柱内钢筋套筒布设透视图

3. 钢筋套筒灌浆连接中对接头性能、套筒、灌浆料的要求：套筒灌浆连接接头在同一截面布置时，接头性能应达到钢筋机械连接接头的最高性能等级，国内建筑工程的接头应满足国家行业标准《钢筋机械连接技术规程》JGJ 107 中的Ⅰ级性能指标，套筒的各项指标应符合《钢筋连接用灌浆套筒》JG/T 398 的标准要求，灌浆料的各项指标应符合《钢筋连接用套筒灌浆料》JG/T 408 的标准要求。

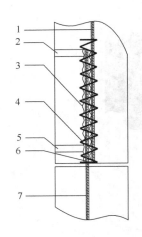

图 3-36　浆锚搭接示意图

1—预埋钢筋；2—排气孔；
3—波纹状孔洞；4—螺旋
加强筋；5—灌浆孔；6—弹
性橡胶密封圈；7—被连接
钢筋

（二）浆锚搭接

浆锚搭接如图 3-36 所示。

浆锚搭接连接是基于粘结锚固原理进行连接的方法，在竖向结构部品下段范围内，预留出竖向孔洞，孔洞内壁表面留有螺纹状粗糙面，周围配有横向约束螺旋箍筋。装配式构件将下部钢筋插入孔洞内，通过灌浆孔注入灌浆料，直至排气孔溢出停止灌浆；当灌浆料凝结后将此部分连接成一体。

浆锚搭接连接时，要对预留孔成孔工艺、孔道形状和长度、构造要求、灌浆料和被连接钢筋，进行力学性能及适用性的试验验证。其中，直径大于 20mm 的钢筋不宜采用浆锚搭接连接，直接承受动力荷载构件的纵向钢筋不应采用浆锚搭接连接。

浆锚搭接成本低、操作简单，但因结构受力的局限性，浆锚搭接只适用于房屋高度不大于 12m 或者层数不超过 3 层的装配整体式框架结构的预制柱纵向钢筋连接。

（三）机械连接

钢筋机械连接是指通过连接件的机械咬合作用或钢筋端面的承压作用，将一根钢筋中的力传递至另一根钢筋的连接方法，钢筋机械连接主要有两种类型：钢筋套筒挤压连接和钢筋螺纹连接，如图 3-37、图 3-38 所示。

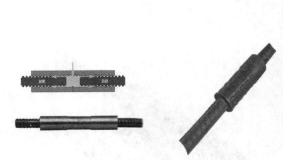

图 3-37　钢筋套筒挤压连接

图 3-38　钢筋螺纹连接

（四）螺栓连接、栓焊混合连接

螺栓连接即连接节点以普通螺栓或高强螺栓现场连接，以传递轴力、弯矩与剪力的连接形式。

螺栓连接分为全螺栓连接、栓焊混合连接两种连接方式，如图 3-39、图 3-40、图3-41 所示。

螺栓连接主要适用于装配整体式框架结构中的柱、梁的连接（牛腿）以及装配整体式剪力墙结构中预制楼梯的安装连接，如图 3-42 所示。

栓焊混合连接是目前多层、高层钢框架结构工程中最为常见的梁柱连接节点形式，即梁的上、下翼缘采用全熔透坡口对接焊缝，而梁腹板采用普通螺栓或高强螺栓与柱连接的形式。

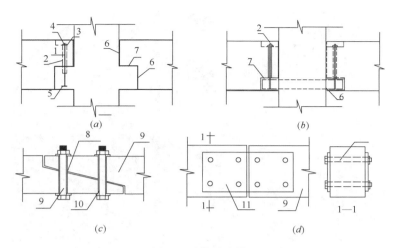

图 3-39　螺栓连接

（a）螺栓连接的牛腿；（b）螺栓连接的预制梁；（c）螺栓连接的企口接头；（d）螺栓连接的梁

1—螺栓；2—灌浆；3—垫板；4—螺母；5—浇入的螺杆和螺套；6—灌浆；7—可调的支座；
8—预留孔；9—预制梁；10—垫圈；11—钢板

图 3-40　全螺栓连接

（五）混凝土的连接

混凝土连接主要是预制部件与后浇混凝土的连接，为加强预制部件与后浇混凝土间的连接，预制部件与后浇混凝土的结合面要设置相应粗糙面和抗剪键槽。

1. 粗糙面处理

粗糙面处理即通过外力使预制部件与后浇混凝土结合处变得粗糙、露出碎石等骨料，通常有三种方法：人工凿毛法、机械凿毛法、缓凝水冲法。

人工凿毛法：是指工人使用铁锤和凿子剔除预制部件结合面的表皮，露出碎石骨料，增加结合面的粘结粗糙度。此方法的优点是简单、易于操作，缺点是费工费时，效率低。

机械凿毛法：使用专门的小型凿岩机配置梅花平头钻，剔除结合面混凝土的表皮，增加结合面的粘结粗糙度。此方法优点是方便快捷，机械小巧易于操作，缺点是操作人员的

图 3-41　栓焊混合连接

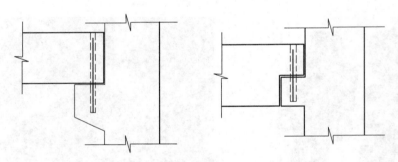

图 3-42　牛腿连接

作业环境差，粉尘污染。

缓凝水冲法：是混凝土结合面粗糙度处理的一种新工艺，是指在部品构件混凝土浇筑前，将含有缓凝剂的浆液涂刷在模板壁上，浇筑混凝土后，利用已浸润缓凝剂的表面混凝土与内部混凝土的缓凝时间差，用高压水冲洗未凝固的表层混凝土，冲掉表面浮浆，露出骨料，形成粗糙的表面，如图 3-43 所示。此法优点：成本低、效果佳、功效高且易于操作。

2. 键槽设置

装配整体式结构的预制梁、预制柱及预制剪力墙断面处须设置抗剪键槽，键槽设置尺寸及位置应符合装配整体式结构的设计及规范要求。

（六）其他连接

装配整体式框架、装配整体式剪力墙等结构中的顶层、端缘部的现浇节点中的钢筋无法连接，或者连接难度大，不方便施工。在上述情况下，将受力钢筋采用直线锚固、弯折锚固、机械锚固（例如锚固板）等连接方式，锚固在后浇节点内以达到连接的要求，以此来增加装配整体式结构的刚度和整体性能。

图 3-43　缓凝水冲法粗糙面

二、构件连接的节点构造及钢筋布设

（一）混凝土叠合楼（屋）面板的节点构造

混凝土叠合受弯构件是指预制混凝土梁板顶部在现场后浇混凝土而形成的整体受弯构件，装配整体式结构组成中根据用途将混凝土分为叠合构件混凝土和构件连接混凝土。

叠合楼（屋）面板的预制部分多为薄板，在预制构件加工厂完成，施工时吊装就位，现浇部分在预制板面上完成。预制薄板作为永久模板又作为楼板的一部分承担使用荷载，具有施工周期短、制作方便、构件较轻的特点，其整体性和抗震性能较好。

叠合楼（屋）面板结合了预制和现浇混凝土各自的优势，兼具现浇和预制楼（屋）面板的优点，能够节省模板支撑系统。

1. 叠合楼（屋）面板的分类

主要有预应力混凝土叠合板、钢筋桁架混凝土叠合板等。

2. 混凝土叠合楼（屋）面板的节点构造

（1）预制混凝土与后浇混凝土之间的结合面应设置粗糙面，粗糙面的面积不宜小于结合面的 80%，粗糙面的凹凸深度不应小于 4mm，以保证叠合面具有较强的粘结力，使两部分混凝土共同有效的工作。

叠合构件的搁置长度应满足设计要求，宜设置厚度不大于 30mm 的坐浆或垫片。

当板跨度大于 3m 时，宜采用桁架钢筋混凝土叠合板，可增加预制板的整体刚度和水平抗剪性能；当板跨度大于 6m 时，宜采用预应力混凝土预制板，节省工程造价；板厚大于 180mm 的叠合板，其预制部分采用空心板，空心部分板端空腔应封堵，可减轻楼板自重，提高经济性能。

（2）叠合板支座处的纵向钢筋应符合下列规定：

1）端支座处，预制板内的纵向受力钢筋宜从板端伸出并锚入支撑梁或墙的后浇混凝土中，锚固长度不应小于 5d（d 为纵向受力钢筋直径），且宜伸过支座中心线，如图 3-44（a）所示。

2）单向叠合板的板侧支座处，当板底分布钢筋不伸入支座时，宜在紧邻预制板顶面

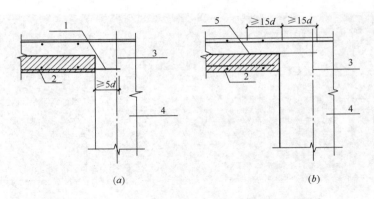

图 3-44 叠合板端及板侧支座构造示意

(a) 板端支座；(b) 板侧支座

1—纵向受力钢筋；2—预制板；3—支座中心线；4—支座梁或墙；5—附加钢筋

的后浇混凝土叠合层中设置附加钢筋，附加钢筋截面面积不宜小于预制板内的同向分布钢

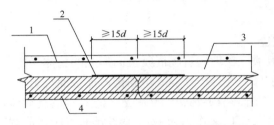

图 3-45 单向叠合板板侧分离式拼缝构造示意

1—后浇层内钢筋；2—附加钢筋；

3—后浇混凝土叠合层；4—预制板

筋面积，间距不宜大于 600mm，在板的后浇混凝土叠合层内锚固长度不应小于 15d，在支座内锚固长度不应小于 15d（d 为附加钢筋直径）且宜伸过支座中心线，如图 3-44（b）所示。

（3）单向叠合板板侧的分离式接缝宜配置附加钢筋，如图 3-45 所示。接缝处紧邻预制板顶面宜设置垂直于板缝的附加钢筋，附加钢筋伸入两侧后浇混凝土叠合层

的锚固长度不应小于 15d（d 为附加钢筋直径），附加钢筋截面面积不宜小于预制板中该方向钢筋面积，钢筋直径不宜小于 6mm，间距不宜大于 250mm。

（4）双向叠合板板侧的整体式接缝处由于有应变集中情况，宜将接缝设置在叠合板的次要受力方向上且宜避开最大弯矩截面，如图 3-46 所示。接缝可采用后浇带形式，并应符合下列规定：

1）后浇带宽度不宜小于 200mm。

2）后浇带两侧板底纵向受力钢筋可在后浇带中焊接、搭接连接、弯折锚固。

3）当后浇带两侧板底纵向受力钢筋在后浇带中弯折锚固时，应符合下列规定。

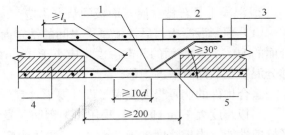

图 3-46 双向叠合板整体式接缝构造示意

1—通常构造钢筋；2—后浇层内钢筋；3—后浇混凝土叠合层；

4—预制板；5—纵向受力钢筋

叠合板厚度不应小于 10d（d 为弯折钢筋直径的较大值），且不应小于 120mm，垂直于接缝的板底纵向受力钢筋配置量宜按计算结果增大 15% 配置，接缝处预制板侧伸出的纵向受力钢筋应在后浇混凝土叠合层内锚固，且锚固长度不应小于 l_a，两侧钢筋在接缝处

重叠的长度不应小于 $10d$，钢筋弯折角度不应大于 $30°$，弯折处沿接缝方向应配置不少于 2 根通常构造钢筋，且直径不应小于该方向预制板内钢筋直径。

（二）叠合梁（主次梁）、预制柱的节点构造

1. 叠合梁的节点构造

在装配整体式框架结构中，常将预制梁做成矩形或 T 形截面。首先在预制厂内做成预制梁，在施工现场将预制楼板搁置在预制梁上（预制楼板和预制梁下需设临时支撑），安装就位后，再浇捣梁上部的混凝土使楼板和梁连接成整体，即成为装配整体式结构中分两次浇捣混凝土的叠合梁，它充分利用钢材的抗拉性能和混凝土的受压性能，结构的整体性较好，施工简单方便。

混凝土叠合梁的预制梁截面一般有两种，分为矩形截面预制梁和凹口截面预制梁。

（1）装配整体式框架结构中，当采用叠合梁时，预制梁端的粗糙面凹凸深度不应小于 6mm，框架梁的后浇混凝土叠合层厚度不宜小于 150mm，如图 3-47（a）所示，次梁的后浇混凝土叠合板厚度不宜小于 120mm，当采用凹口截面预制梁时，凹口深度不宜小于 50mm，凹口边厚度不宜小于 60mm，如图 3-47（b）所示。

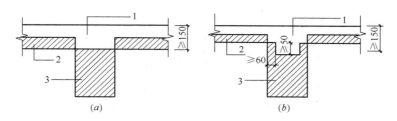

图 3-47　叠合框架梁截面示意
（a）矩形截面预制梁；（b）凹口截面预制梁
1—后浇混凝土叠合层；2—预制板；3—预制梁

（2）为提高叠合梁的整体性能，使预制梁与后浇层之间有效的结合为整体，预制梁与后浇混凝土、灌浆料、坐浆材料的结合面应设置粗糙面，预制梁端面应设置键槽，如图 3-48 所示。

预制梁端的粗糙面凹凸深度不应小于 6mm，键槽尺寸和数量应按《装配式混凝土结构技术规程》JGJ 1-3-14 第 7.2.2 条的规定计算确定。

键槽的深度 t 不宜小于 30mm，宽度 w 不宜小于深度的 3 倍且不宜大于深度的 10 倍，键槽可贯通截面，当不贯通时槽口距离截面边缘不宜小于 50mm，键槽间距宜等于键槽宽度，键槽端部斜面倾角不宜大于 $30°$，粗糙面的面积不宜小于结合面的 80%。

（3）叠合梁的箍筋配置：抗震等级为一、二级的叠合框架梁的梁端箍筋加密区宜采用整体封闭箍筋，如图 3-49（a）所示。采用组合封闭箍筋的形式时，开口箍筋上方应做成 $135°$ 弯钩，如图 3-49（b）所示。非抗震设计时，弯钩端头平直段长度不应小于 $5d$（d 为箍筋直径），抗震设计时，弯钩端头平直段长度不应小于 $10d$。

现浇应采用箍筋帽封闭开口箍，箍筋帽末端应做成 $130°$ 弯钩，非抗震设计时，弯钩端头平直段长度不应小于 $5d$，抗震设计时，平直段长度不应小于 $10d$。

（4）叠合梁可采用对接连接，并应符合下列规定：

1）连接处应设置后浇段，后浇段的长度应满足梁下部纵向钢筋连接作业的空间需求。

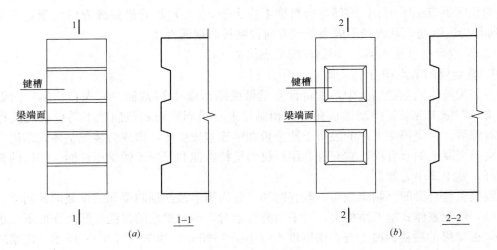

图 3-48 梁端键槽构造示意

(a) 键槽贯通截面；(b) 键槽不贯通截面

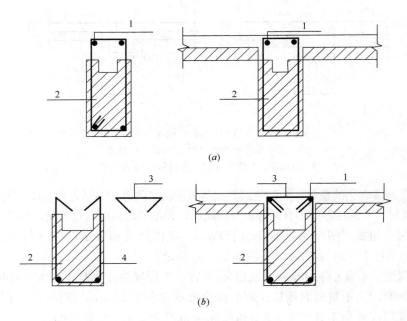

图 3-49 叠合梁箍筋构造示意

(a) 整体封闭箍筋；(b) 组合封闭箍筋

1—上部纵向钢筋；2—预制梁；3—箍筋帽；4—开口箍筋

2）梁下部纵向钢筋在后浇段内宜采用机械连接、套筒灌浆连接或焊接连接。

3）后浇段内的箍筋应加密，箍筋间距不应大于 $5d$（d 为纵向钢筋直径），且不应大于 100mm。

2. 叠合主次梁的节点构造

叠合主梁与次梁采用后浇段连接时，应符合下列规定：

（1）在端部节点处，次梁下部纵向钢筋伸入主梁后浇段内的长度不应小于 $12d$，次梁上部纵向钢筋应在主梁后浇段内锚固。当采用弯折锚固或锚固板时，锚固直段长度不应小于 $0.6l_{ab}$，如图 3-50（a）所示，当钢筋应力不大于钢筋强度设计值的 50% 时，锚固直段长度不应小于 $0.35l_{ab}$，弯折锚固的弯折后直段长度不应小于 $12d$（d 为纵向钢筋直径）。

（2）在中间节点处，两侧次梁的下部纵向钢筋伸入主梁后浇段内长度不应小于 $12d$（d 为纵向钢筋直径），次梁上部纵向钢筋应在现浇层内贯通，如图 3-50（b）所示。

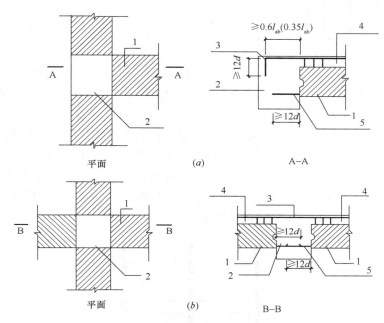

图 3-50　叠合主次梁的节点构造图

（a）端部节点；（b）中间节点

1—次梁；2—主梁后浇段；3—次梁上部纵向钢筋；4—后梁混凝土叠合层；5—次梁下部纵向钢筋

3. 预制柱的节点构造

预制混凝土柱连接节点通常为湿式连接，如图 3-51 所示。

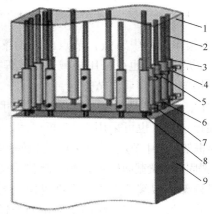

图 3-51　采用灌浆套筒湿式连接的预制柱

1—柱上端；2—螺纹端钢筋；3—水泥灌浆直螺纹连接套筒；4—出浆孔接头 T-1；
5—PVC 管；6—灌浆孔接头 T-1；7—PVC 管；8—灌浆端钢筋；9—柱下端

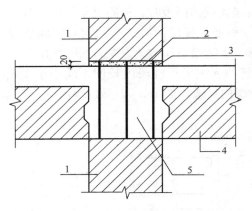

图 3-52　预制柱底接缝构造示意
1—预制柱；2—接缝灌浆层；3—后浇节点区
混凝土上表面粗糙面；4—预制梁；5—后浇区

（1）采用预制柱及叠合梁的装配整体式框架中，柱底接缝宜设置在楼面标高处，后浇节点区混凝土上表面应设置粗糙面，柱纵向受力钢筋应贯穿后浇节点区，如图 3-52 所示，柱底接缝厚度宜为 20mm，并采用灌浆料填实。

（2）采用预制柱及叠合梁的装配整体式框架节点，梁纵向受力钢筋应伸入后浇节点区内锚固或连接。预制柱采用套筒灌浆连接时，柱箍筋加密区长度不应小于纵向受力钢筋连接区域长度与 500mm 之和，套筒上端第一个箍筋距离套筒顶部不应大于 50mm，如图 3-53 所示。

梁、柱纵向钢筋在后浇节点区间内采用直线锚固、弯折锚固或机械锚固的方式时，其锚固长度应符合现行国家标准《混凝土结构设计规范》GB 50010 中的有关规定，当梁、柱纵向钢筋采用锚固板时，应符合现行行业标准《钢筋锚固板应用技术规程》JGJ 25 中的有关规定。

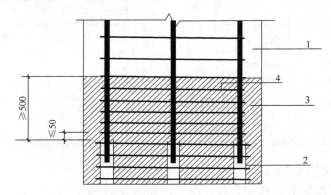

图 3-53　钢筋采用套筒灌浆连接时柱底箍筋加密区域构造示意
1—预制柱；2—套筒灌浆连接接头；3—箍筋加密区（阴影区域）；4—加密区箍筋

1）对框架中间层中节点，节点两侧的梁下部纵向受力钢筋宜锚固在后浇节点区内，可采用 90°弯折锚固，也可采用机械连接或焊接的方式直接连接，如图 3-54 所示，梁的上部纵向受力钢筋应贯穿后浇节点区。

2）对框架中间层端节点，当柱截面尺寸不满足梁纵向受力钢筋的直线锚固要求时，应采用锚固板锚固，也可采用 90°弯折锚固，如图 3-55 所示。

（3）对框架顶层中节点，梁纵向受力钢筋的构造符合本条第 1）款的规定，柱纵向受力钢筋宜采用直线锚固，当梁截面尺寸不满足直线锚固要求时，宜采用锚固板锚固，如图 3-56 所示。

（4）对框架顶层端节点，梁下部纵向受力钢筋应锚固在后浇节点区内，且宜采用锚固板的锚固方式。梁、柱其他纵向受力钢筋的锚固应符合下列规定：

柱宜伸出屋面并将柱纵向受力钢筋锚固在伸出段内，伸出段长度不宜小于 500mm，伸出段内箍筋间距不应大于 $5d$（d 为柱纵向受力钢筋直径），且不应大于 100mm；柱纵向受力钢筋宜采用锚固板锚固，锚固长度不应小于 40d；梁上部纵向受力钢筋宜采用锚固板锚固，如图 3-57（a）所示。

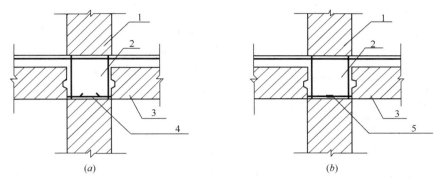

图 3-54 预制柱及叠合梁框架中间层中间节点构造示意

（a）梁下部纵向受力钢筋锚固；（b）梁下部纵向受力钢筋连接

1—预制柱；2—后浇区；3—预制梁；4—梁下步纵向受力钢筋锚固；5—梁下部纵向受力钢筋连接

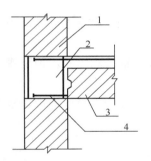

图 3-55 预制柱及叠合梁框架

1—预制柱；2—后浇区；3—预制梁；4—梁纵向受力钢筋锚固

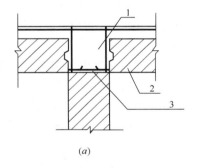

图 3-56 预制柱及叠合梁框架顶层中节点构造示意

（a）梁下部纵向受力钢筋锚固；（b）梁下部纵向受力钢筋连接

1—后浇区；2—预制梁；3—梁下部纵向受力钢筋锚固；4—梁下部纵向受力钢筋连接

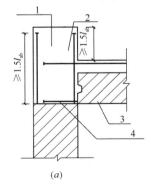
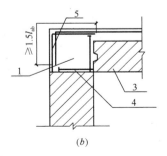

图 3-57 预制柱及叠合梁框架顶层边节点构造示意

（a）柱向上伸长；（b）梁柱外侧钢筋搭接

1—后浇段；2—柱延伸段；3—预制梁；4—梁下部纵向受力筋锚固；5—梁柱外侧钢筋搭接

柱外侧纵向受力钢筋也可与梁上部纵向受力钢筋在后浇节点区搭接，其构造要求应符合现行国家标准《混凝土结构设计规范》GB50010 中的规定，柱内侧纵向受力钢筋宜采用锚固板锚固，如图 3-57（b）所示。

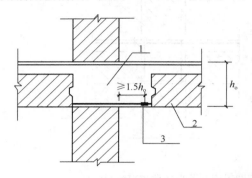

图 3-58　梁纵向钢筋在节点
区外的后浇段内连接示意
1—后浇段；2—预制梁；3—纵向受力钢筋

（5）采用预制柱及叠合梁的装配整体式框架节点，梁下部纵向受力钢筋也可伸至节点区外的后浇段内连接，连接接头与节点区的距离不应小于 $1.5h_0$（h_0 为梁截面有效高度），如图 3-58 所示。

（三）预制剪力墙的竖向连接

1. 预制剪力墙节点构造

预制剪力墙的顶面、底面和两侧面应处理为粗糙面或者制作键槽，与预制剪力墙连接的圈梁上表面也应处理为粗糙面，粗糙面露出的混凝土粗骨料不宜小于其最大粒径的 1/3，且粗糙面凹凸不应小于 6mm。

根据《装配式混凝土结构技术规程》JGJ 1—2014，对高层预制装配式墙体结构，楼层内相邻预制剪力墙的连接应符合下列规定：

（1）边缘构件应现浇，现浇段内按照现浇混凝土结构的要求设置箍筋和纵筋，预制剪力墙的水平钢筋应在现浇段内锚固，或者与现浇段内水平钢筋焊接或搭接连接。

（2）上下剪力墙板之间，先在下墙板和叠合板上部浇筑圈梁或连续的水平后浇带，坐浆安装上部墙板，套筒灌浆或者浆锚搭接进行连接，如图 3-59 所示。

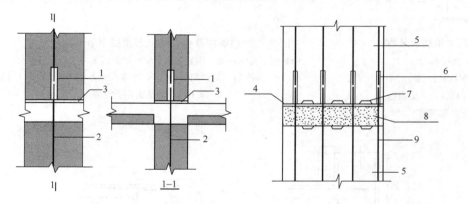

图 3-59　预制剪力墙板上下节点连接
1—钢筋套筒灌浆连接；2—连接钢筋；3—坐浆层；4—坐浆；5—预制墙体；
6—浆锚套筒连接或浆锚搭接连接；7—键槽或粗糙面；8—现浇圈梁；9—竖向连接筋

相邻预制剪力墙板之间如无边缘构件，应设置现浇段，现浇段的宽度应同墙厚。现浇段的长度，当预制剪力墙的长度不大于 1500mm 时不宜小于 150mm，大于 1500mm 时不宜小于 200mm。现浇段内应设置竖向钢筋和水平环箍，竖向钢筋配筋率不小于墙体竖向分布筋配筋率，水平环箍配筋率不小于墙体水平钢筋配筋率，如图 3-60 所示。

现浇部分的混凝土强度等级应高于预制剪力墙的混凝土强度等级。

预制剪力墙的水平钢筋应在现浇段内锚固，或者与现浇段内水平钢筋焊接或搭接连接。

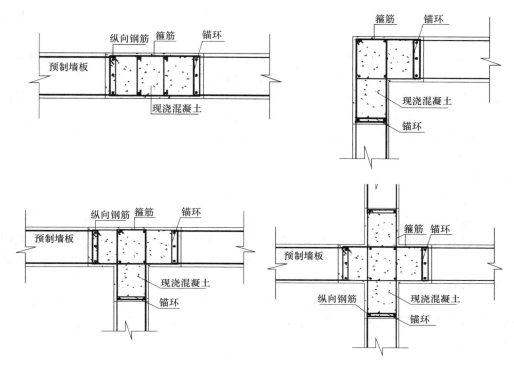

图 3-60　预制墙板间节点连接

（3）钢筋加密设置

上下剪力墙采用套筒灌浆连接时，在套筒长度＋30cm 的范围内，在原设计箍筋间距的基础上加密箍筋，如图 3-61 所示。

2. 预制外墙的接缝及防水设置

外墙板为建筑物的外部结构，直接受到雨水的冲刷，预制外墙板接缝（包括屋面女儿墙、阳台、勒脚等处的竖缝、水平缝、十字缝以及窗口处）必须进行处理。并根据不同部位接缝特点及当地气候条件选用构造防水、材料防水或构造防水与材料防水相结合的防排水系统。

挑出外墙的阳台、雨篷等构件的周边应在板底设置滴水线。为了有效地防止外墙渗漏的发生，在外墙板接缝及门窗洞口等防水薄弱部位宜采用材料防水和构造防水相结合的做法。

（1）材料防水

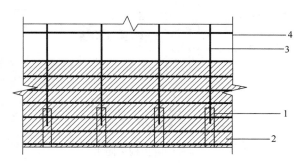

图 3-61　钢筋套筒灌浆连接部位水
平分布钢筋的加密构造示意
1—灌浆套筒；2—水平分布钢筋加密区域（阴影区域）；
3—竖向钢筋；4—水平分布钢筋

预制外墙板接缝采用材料防水时，必须用防水性能可靠的嵌缝材料，板缝宽度不宜大于 20mm，材料防水的嵌缝深度不得小于 20mm。对于普通嵌缝材料，在嵌缝材料外侧应勾水泥砂浆保护层，其厚度不得小于 15mm，对于高档嵌缝材料，其外侧可不做保护层。

1）高层建筑、多雨地区的预制外墙板接缝防水宜采用两道密封防水构造的做法，即在外部密封胶防水的基础上，增设一道发泡氯丁橡胶密封防水构造。

2）预制叠合墙板间的水平拼缝处设置连接钢筋，接缝位置采用模板或者钢管封堵，待混凝土达到规定强度后拆除模板，并抹平和清理干净。

因后浇混凝土施工需要，在后浇混凝土位置做好临时封堵，形成企口连接，后浇混凝土施工前应将结合面凿毛处理，并用水充分润湿，再绑扎调整钢筋。防水处理同叠合式墙板水平拼缝节点处理，拼缝位置的防水处理采取增设防水附加层的做法。

（2）构造防水

构造防水是采取合适的构造形式，阻断水的通路，以达到防水的目的，如在外墙板接缝外口设置适当的线型构造（立缝的沟槽，平缝的挡水台、披水等），形成空腔，截断毛细管通路，利用排水沟将渗入板缝的雨水排出墙外，防止向室内渗漏。即使渗入，也能沿槽口引流至墙外。

预制外墙板接缝采用构造防水时，水平缝宜采用企口缝（图 3-62）或高低缝，少雨地区可采用平缝。竖缝宜采用双直槽缝，少雨地区可采用单斜槽缝。女儿墙墙板构造防水如图 3-63 所示。

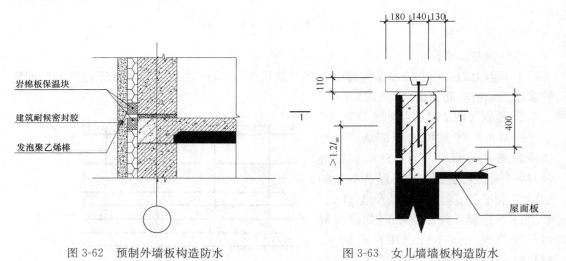

图 3-62　预制外墙板构造防水　　　　图 3-63　女儿墙墙板构造防水

3. 预制内隔墙节点构造

（1）挤压成型墙板板间拼缝宽度为（5±2）mm，板必须用专用粘结剂和嵌缝带处理，粘结剂应挤实、粘牢，嵌缝带用嵌缝剂粘牢刮平，如图 3-64 所示。

（2）预制内墙板与楼面连接处理

墙板安装经检验合格 24h 内，用细石混凝土（高度＞30mm）或 1：2 干硬性水泥砂浆（高度≤30mm）将板的底部填塞密实，底部填塞完成 7d 后，撤出木楔并用 1：2 干硬性水泥砂浆填实木楔孔，如图 3-65 所示。

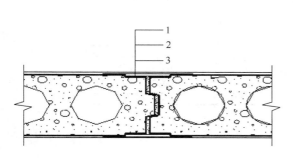

图 3-64　嵌缝带构造

1—骑缝贴 100mm 宽嵌缝带并用粘结剂抹平；

2—胶粘结剂抹平；3—凹槽内贴 50mm 宽嵌缝带

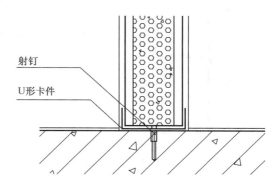

图 3-65　预制内墙与楼面连接节点

（3）门头板与结构顶板连接拼缝处理

施工前 30min 开始清理阴角基面、涂刷专用界面剂，在接缝阴角满刮一层专用胶粘剂，厚度约为 3mm，并粘贴第一道 50mm 宽的嵌缝带，用抹子将嵌缝带压入到胶粘剂中，并用胶粘剂将凹槽抹平墙面，嵌缝带宜埋于距胶粘剂完成面约 1/3 位置处并不得外露，如图 3-66 所示。

（4）门头板与门框板水平连接拼缝处理

在墙板与结构板底夹角两侧 100mm 范围内满刮胶粘剂，用抹子将嵌缝带压入到胶粘剂中抹平，门头板拼缝处开裂概率较高，施工时应注意胶粘剂的饱满度，并将门头板与门框板顶实，在板缝粘接材料和填缝材料未达到强度之前，应避免使门框板受到较大的撞击，如图 3-67 所示。

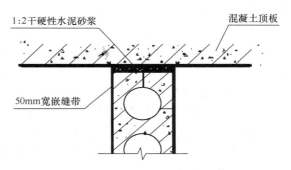

图 3-66　门头板和混凝土顶板连接节点

（四）后浇混凝土

构件连接混凝土是指在装配整体式结构中用于连接各种构件所使用的混凝土。

构件连接混凝土应符合下列要求：

（1）装配整体式混凝土结构中预制构件的连接处混凝土强度等级不应低于所连接的各预制构件混凝土设计强度等级中的较大值。

（2）用于预制构件连接处的混凝土或砂浆，宜采用无收缩混凝土或砂浆，并宜采取提高混凝土或砂浆早期强度的措施，在浇筑过程中应振捣密实，并应符合有关标准和施工作业要求。

（3）预制构件连接节点和连接接缝部位后浇混凝土施工应符合下列规定：

1）连接接缝混凝土应连续浇筑，竖向连接接缝可逐层浇筑，混凝土分层浇筑高度应

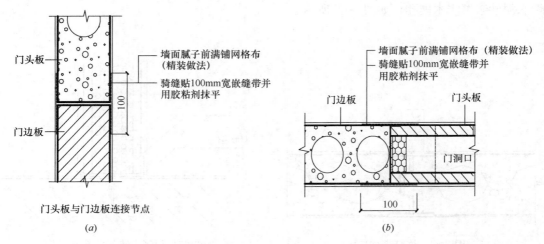

图 3-67　门头板与门边板连接节点
(a) 一道嵌缝带；(b) 两道嵌缝带

符合现行规范要求，浇筑时应采取保证混凝土浇筑密实的措施。

2）同一连接接缝的混凝土应连续浇筑，并应在底层混凝土初凝之前将上一层混凝土浇筑完毕。

3）预制构件连接节点和连接接缝部位的混凝土应加密振捣点，并适当延长振捣时间。

4）预制构件连接处混凝土浇筑和振捣时，应对模板和支架进行观察和维护，发生异常情况应及时进行处理，构件接缝混凝土浇筑和振捣时应采取措施防止模板、相连接构件、钢筋、预埋件及其定位件的移位。

第五节　预制构件制作

一、预制构件生产线

装配式建筑的主要特点就是工厂化。近年来，我国通过引进和自主创新建设了多处具有机械化、自动化混凝土预制构件生产线和成套设备的大型混凝土预制构件生产厂，编制预制构件生产的工艺流程时必须熟悉和了解现代预制构件生产线。

（一）平模生产线

平模生产线工位流程基本如图 3-68 所示，主要是生产钢筋桁架叠合板和内、外墙板。

（1）进口生产线自动化程度高，主要表现在模具的程序控制机械手自动出库和自动摆放，稳定和准确的程序布料也是进口生产线的一大优势，当然，还需要合适的配合比及坍落度的配合。

（2）国内生产的一些平模生产线，各构件生产企业根据实际需要对生产线的工位流程做了不同程度的调整和取舍，如图 3-69～图 3-73 所示。

1）由于国内设计的钢筋桁架叠合板大多数都要甩出钢筋，模具需要开槽，所以无法实现机械手自动摆放模具。

2）由于预制墙板需要预埋临时固定连接件及施工用预埋件、预留孔等，混凝土表面收光只能手工完成，但是，钢筋桁架叠合板的最后自动拉毛工位是很有效的。

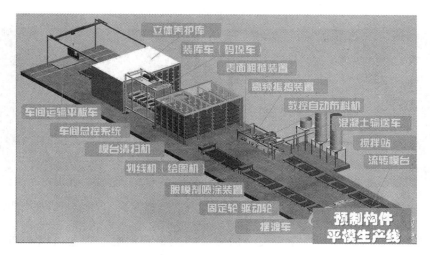

图 3-68　预制构件平模生产线工位流程

图 3-69　国内生产的平模生产线

图 3-70　流动钢模台　　　　　　　　　图 3-71　程控布料机

图 3-72　翻板起模机

图 3-73　模台存取机及养护库

3）平模生产最大的优越性在于夹心保温层的施工和水电线管盒可以在布设钢筋时一并布设。外墙板夹心保温层的直接预埋，完全取消了外墙外保温和薄抹灰即繁重又不安全的体力工作和外脚手，同时，解决了外墙防火隐患。水电线管盒在墙板中的预埋，解决了传统做法水电线管盒安装必须砸墙开槽开洞的弊端，而且极大地减少了建筑垃圾。

4）成熟的构件生产企业都在生产线的末端增加了露骨料粗糙面的冲洗工位。

（二）预应力混凝土构件生产线

预应力混凝土构件生产线主要有能够生产抵抗裂纹能力强的预应力混凝土叠合楼板、带肋混凝土预应力叠合板（PK 板）生产线，如图 3-74 所示，还有生产预应力混凝土空心板和双 T 板的预应力生产线，如图 3-75 所示。

图 3-74　长线、先张法、有粘结预应力叠合楼板生产线

（三）成组立模生产线

立模生产线主要以成组立模和配套设备组成，生产各种以轻质混凝土、纤维混凝土、石膏等为原料，用于室内填充墙、隔断墙的实心和空心的定形墙板。目前，我国具有很多成组立模生产线的生产各种定形墙板的专用厂家。

与平模生产线相比，立模生产线具有占用车间面积小而产量高，使用模具量也少以及

图 3-75　预应力混凝土双 T 板生产线

板的两面都很平整的优点，但是，也存在定形墙板无法预埋电管、盒的弊端，如图 3-76所示。

图 3-76　立模生产线示意

（四）钢筋混凝土预制构件固定台模生产线

固定台模主要生产在流水线上无法制作的大体积异型构件，可以在厂房内也可以在室外和工地现场，如图 3-77～图 3-80 所示。

图 3-77　带飘窗的外墙板　　　　　　　图 3-78　大型梁

图 3-79　楼梯的平打模具　　　　　　　　图 3-80　楼梯的立打模具

二、预制构件生产工艺流程

平模生产线预制构件生产工艺流程详见图 3-81。

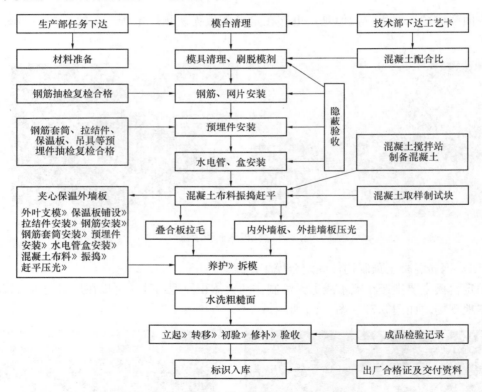

图 3-81　平模生产线预制构件生产工艺流程

三、预制构件制作生产模具的组装

（一）模具的设计和制造原则

预制构件模具是保证预制构件制作质量的关键，因此，构件生产厂必须对模具的设计按预制成型工艺提出具体要求，认真参与模具设计图纸会审，严格检查验收模具制作质量。

　　预制构件模具以钢模为主，面板主材选用 Q235 钢板，支撑结构可选型钢或者钢板，也有木模、钢木混合、玻璃钢、橡胶等模具，具体选择应根据预制构件生产工艺和周转经济性择优选择，并应满足以下要求：

　　模具应具有足够的承载力、刚度和稳定性，保证在构件生产时能可靠承受浇筑混凝土的重量、侧压力及工作荷载；模具应支、拆方便，且应便于钢筋安装和混凝土浇筑、养护；模具的部件与部件之间应连接牢固；预制构件上的预埋件均应有可靠固定措施。

　　（二）常用模具设计和组装特点

　　1. 平模流水线模具

　　（1）内外墙板和钢筋桁架叠合板模具设计要点

　　对于夹心保温外墙板通常采用结构层（200mm）＋保温层（设计决定）＋保护层（50mm），此类墙板可采用正打或反打工艺。正打工艺主要是为了解决门窗有凸出套口、飘窗等外墙造型设计，由于建筑对外墙板的平整度要求很高，如果采用正打工艺，无论是人工抹面还是机器抹面，都不足以达到要求的平整度，并且影响后期制作，作为装配式结构应该尽量减少正打工艺的设计，本文主要介绍反打工艺为主的模具，根据浇筑顺序，将模具分为两层，一级模为保护层＋保温层，二级模为结构层，一级模模具作为二级模的基础，所以在一级模的连接处需要加固，二级模的结构层模具同内墙板模具形式。结构层模具的定位螺栓较少，故需要增加拉杆定位，防止胀模。

　　内墙板模具由于内墙板就是混凝土实心墙体，一般没有造型，通常预制内墙板的厚度一般为 200mm，为便于加工，可选用 20 号槽钢作为边模，内墙板三面均有外露筋。

　　叠合楼板模具相对比较简单，应根据叠合楼板高度选用等高的型钢边模，也有用玻璃钢的。

　　（2）平模流水线模具与流动模台的固定连接

　　平模流水线的流动模台即作为构件预制和转移的平台，同时也作为预制构件正打和反打的底模，因此构件的边模与模台的连接和固定则成为非常重要的选择。

　　1）磁盒压紧固定模具

　　磁盒压紧固定模具做法如图 3-82 所示，其优点是组模方便灵活，但也存在震动台作

图 3-82　磁盒压紧固定模具

用下容易造成漏浆、跑模位移等弊端，同时磁盒的合理使用和保养非常重要，否则损坏率极高。

2）模台钻孔用螺栓固定

模台钻孔用螺栓固定如图 3-83 所示，其优点是模具固定牢固、定位准确，非常适用于复制率高、批量大、周转率高的构件生产，其缺点就是更换产品时需要对已钻孔进行封闭修复。

图 3-83　模台钻孔用螺栓固定边模

3）利用模台边孔固定模具

平模流水线流动模台的两侧各有一排间距 300mm×300mm 的边孔，图 3-84 就是利用模台的边孔，通过加长压杆固定压紧模具，其优点也是模具固定牢固、定位准确，缺点仅是模具的用钢量增多而已。

图 3-84　利用模台的边孔通过加长压杆固定压紧模具

4）利用模台的边孔和磁盒相结合的做法固定压紧模具

图 3-85 所示为墙板的一面侧模利用模台的边孔固定，另三面用磁盒固定。图 3-86 所示为叠合板的横向侧模的两端焊设长孔连接压板与模台的边孔固定，中间用磁盒固定，顺向侧模利用边孔和压板固定，这种做法解决了单一用磁盒固定的弊端，并充分利用模台边孔挖掘了设备潜力。

图 3-85 模台的边孔和磁盒相结合的做法　　　图 3-86 边孔利用、压板、磁盒相结合

（3）固定台专用模具

柱、梁、楼梯等大型和异型构件无法在流水线上生产，必须在固定台上采用专用模具，其设计和制作应有足够的强度、刚度和整体稳定性，同时满足拆卸方便、密封良好的要求，对于订货量少或特殊构件在保证质量的情况下采用木模具或钢木结合模具，如图 3-87、图 3-88 所示。

图 3-87 楼梯木模　　　　　　　　　　图 3-88 德国采用的钢木组合模具

（三）模具组装质量要点

（1）首次使用及大修后的模具应全数检查，使用中的模具应当定期检查，并做好检查记录，模具组装检验应该作为构件首件报验的重要程序。

（2）模具组装应按照组装顺序进行，对于特殊构件，钢筋可先入模后组装，应根据生产计划合理组合模具，充分利用模台。

（3）模具组装前，模板接触面平整度、板面弯曲、拼装缝隙、几何尺寸等应满足相关设计要求，允许偏差及检验方法应符合表 3-6 的规定。

（4）模具必需清理干净，不得存有铁锈、油污及混凝土残渣，接触面不应有划痕、锈溃和氧化层脱落等现象，对于存在变形超过允许偏差的模具一律不得使用。

预制构件模具尺寸允许偏差和检查方法　　　　　　表 3-6

项次	检验项目、内容		允许偏差（mm）	检验方法
1	长度	≤6m	1，−2	用尺量平行构件高度方向，取其中偏差绝对值较大者
		>6m 且≤12m	2，−4	
		>12m	3，−5	
2	宽度、	墙板	1，−2	用尺测量两端或中部，取其中偏差绝对值较大者
3	高（厚）度	其他构件	2，−4	
4	底模表面平整度		2	用 2m 靠尺和塞尺量
5	对角线差		3	用尺量对角线
6	侧向弯曲		L/1500 且≤5	拉线，用钢尺量侧向弯曲最大处
7	翘曲		L/1500	对角拉线测量交点间距离值的两倍
8	组装缝隙		1	用塞片或塞尺量测，取最大值
9	端模与侧模高低差		1	用钢尺量

（5）模具组装应连接牢固、缝隙严密，组装时应进行表面清洗或涂刷隔离剂，隔离剂使用前确保隔离剂在有效使用期内，隔离剂必需均匀涂刷。

（6）边模组装前应当贴双面胶或者组装后打密封胶，防止浇筑振捣过程漏浆，侧模与底模、顶模组装后必须在同一平面内，严禁出现错台，组装后校对尺寸，特别注意对角尺寸，然后使用磁盒进行定位加固，使用磁盒固定模具时，一定要将磁盒底部杂物清除干净，且必须将螺丝有效的压到模具上。

四、预制构件钢筋骨架、钢筋网片和预埋件

（一）钢筋骨架、钢筋网片

（1）钢筋网片、钢筋桁架等钢筋制品入厂检验应该符合表 3-7、表 3-8 的规定。

（2）钢筋骨架应满足预制构件设计图要求，宜采用专用钢筋定位件，入模时应平直、无损伤，表面不得有油污或者锈蚀，钢筋骨架尺寸应准确，骨架吊装时应采用多吊点的专用吊架，防止骨架产生变形。

（3）保护层垫块宜采用塑料类垫块，且应与钢筋骨架或网片绑扎牢固，垫块按梅花状布置，间距满足钢筋限位及控制变形要求，钢筋绑扎丝甩扣应弯向构件内侧。

（4）钢筋连接套筒、预埋件均应设计定位销、模板架等工装保证其按预制构件设计制作图准确定位和保证浇筑混凝土时不位移，拉结件安装的位置、数量和时机均应在工艺卡中明确规定。

（5）纵向钢筋（带灌浆套筒）及需要套丝的钢筋，不得使用切断机下料，必须保证钢筋两端平整，套丝长度、丝距及角度必须严格按照图纸设计要求，纵向钢筋（采用半灌浆套筒）按产品要求套丝，梁底部纵筋（直螺纹套筒连接）按照国标要求套丝，套丝机应当指定专人且有经验的工人操作，质检人员须按相关规定进行抽检。

（6）钢筋骨架或网片装入模具后，应按设计图纸要求对钢筋位置、规格、间距、保护层厚度等进行检查，允许偏差应符合表 3-7、表 3-8 的规定。

钢筋成品的允许偏差和检验方法　　　　　　　　　表 3-7

项目		允许偏差（mm）	检验方法
钢筋网片	长、宽	±5	钢尺检查
	网眼尺寸	±10	钢尺量连续三档，取最大值
	对角线	5	钢尺检查
	端头不齐	5	钢尺检查
钢筋骨架	长	0，−5	钢尺检查
	宽	±5	钢尺检查
	高（厚）	±5	钢尺检查
	主筋间距	±10	钢尺量两端、中间各一点，取最大值
	主筋排距	±5	钢尺量两端、中间各一点，取最大值
	箍筋间距	±10	钢尺量连续三档，取最大值
	弯起点位置	15	钢尺检查
	端头不齐	5	钢尺检查
	保护层　　柱、梁	±5	钢尺检查
	保护层　　板、墙	±3	钢尺检查

钢筋桁架允许尺寸偏差　　　　　　　　　　　　　表 3-8

项次	检验项目	允许偏差（mm）
1	长度	总长度的±0.3%，且不超过±10
2	高度	+1，−3
3	宽度	±5
4	扭翘	≤5

（二）预埋件

（1）钢筋连接用灌浆套筒的入厂检验应该符合《钢筋连接用灌浆套筒》JG/T 398 的有关规定，半灌浆套筒与钢筋的机械连接和锚固板与钢筋的机械连接应该符合《钢筋机械连接技术规程》JGJ 107 的有关规定，锚固板的入厂检验应符合《钢筋锚固板应用技术规程》JGJ 256 的有关规定，吊环、螺母等预埋件均应符合相关标准的规定。

（2）连接套筒、预埋件、预留孔洞等应按预制构件设计制作图进行配置，满足吊装、施工的安全性、耐久性和稳定性要求，安装允许偏差及检验方法应满足表 3-9 的规定。

预埋件安装允许尺寸偏差及检查方法　　　　　　　表 3-9

项　目		允差（mm）	检验方法
钢筋连接套筒及钢筋	中心线位置	2	用尺量测纵横两个方向的中心线位置，取其较大值
	连接钢筋中心线位置	2	用尺量测纵横两个方向的中心线位置，取其较大值
	连接钢筋外露长度	±10，0	用尺量
预埋插筋	中心线位置偏移	5	用尺量测纵横两个方向的中心线位置，取其较大值
	外露长度	±5	用尺量

续表

项　目		允差（mm）	检 验 方 法
预留洞	中心线位置偏移	5	用尺量测纵横两个方向的中心线位置，取其较大值
	洞口尺寸、深度	±5	用尺量测纵横两个方向尺寸，取其较大值
套筒、螺母	中心线位置偏移	2	用尺量测纵横两个方向的中心线位置，取其较大值
	平面高差	0，5	用尺紧靠在预埋件上，用楔形塞尺量测预埋件平面与混凝土面的最大缝隙
吊环、木砖	中心线位置偏移	10	用尺量测纵横两个方向的中心线位置，取其较大值
	与构件表面混凝土高差	0，10	用尺量

（三）预制构件的钢筋安装需要特别注意的两个施工要点

1. 保护层

（1）钢筋保护层对于混凝土预制构件非常重要，钢筋保护层超标是构件产生裂缝的重要原因。而在流水线上平模生产墙板对于上层钢筋的保护层不采取限制措施，则必然造成上层钢筋下塌并造成保护层超标，如图 3-89 所示，而如图 3-90 所示双排钢筋之间设长脚马凳则避免了上排钢筋下塌和保护层超标。

图 3-89　上排钢筋下塌　　　　　　　　　　图 3-90　双排钢筋之间加装长脚马凳

（2）立模预制楼梯也同样有因保护层超标造成楼梯底面产生裂缝的问题，图 3-91 采取了两面都加垫块的做法，解决了这个问题，平模预制楼梯也要采取措施，如图 3-92 所示。

（3）国外的这种保护层措施件也很实用，值得借鉴，如图 3-93 所示。

2. 钢筋桁架叠合板桁架钢筋高度

现行国家《装配式混凝土建筑技术标准》GB/T 51231—2016 明确规定钢筋桁架叠合板桁架钢筋高度允许偏差为（＋5，0），但是如果不采取控制措施在模台上浇筑混凝土时则由于振捣震动力的作用使桁架钢筋上浮并致其高度超标，另外由于钢筋桁架叠合板的运输和现场存放采用多层叠放，入场的检查可能有超标板漏网，漏网的超标板再吊到安装高度时才发现则对工程造成严重的损失和不良影响。因此，对于桁架钢筋高度的控制措施必须在钢筋桁架叠合板安排生产和模具配置前要有充分的考虑和准备，图 3-94、图 3-95 所示都是采取了加压杠的措施。

图 3-91　立模预制楼梯钢筋
笼两面加保护层垫块

图 3-92　平模预制楼梯用拉杆绑
垫块拉住受立筋

图 3-93　国外保护层措施件

图 3-94　玻璃钢边模上加钢管压杠

五、预制构件混凝土的浇筑

（一）预制构件混凝土的浇筑

（1）混凝土浇筑前，应逐项对模具、钢筋、钢筋骨架、钢筋网片、连接套筒、拉结件、预埋件、吊具、预留孔洞、混凝土保护层厚度等进行检查和验收。

（2）混凝土工作性能指标应根据预制构件产品特点和生产工艺确定，混凝土配合比设计应符合现行国家《普通混凝土配合比设计规程》JGJ 55 和《混凝土结构工程施工规范》GB 50666 的有关规定，制备混凝土所需原材料水泥和掺和

图 3-95　型钢模具加钢管压杠

料应使用筒仓存放，不同生产单位的原材料不得混仓，存储时应保持密封、干燥，骨料应按品种、规格分别堆放，不得混入杂物，骨料堆放场地的地面应做硬化处理，并应采取排水、防尘和防雨等措施，液体外加剂应放置于阴凉干燥处，应防止日晒、污染、浸水。

（3）混凝土应采用有自动计量装置的强制式搅拌机搅拌，并具有生产数据记录和实时查询功能，混凝土应按照混凝土配合比通知单进行生产，混凝土搅拌原材料计量误差应满足表 3-10 的规定。

材料的计量误差（重量）　　　　　　　　　　　　　　　　表 3-10

材料的种类	水泥	骨料	水	掺合料	高炉矿渣粉	外加剂
计量误差（%）	±2	±3	±1	±2	±2	±1

（4）混凝土应进行抗压强度经验，并应符合以下规定：混凝土试件应在浇筑地点取样制作；每拌制 100 盘且不超过 100m³ 的同一配合比混凝土，每工作班拌制的同一配合比的混凝土不足 100 盘为一批；每批制作强度检验试块不少于 3 组，随机抽取 1 组进行同条件转标准养护后进行强度检验，其余可作为同条件试件在预制构件脱模和出厂时控制其混凝土强度；还可根据预制构件吊装、张拉和放张等要求，留置足够数量的同条件混凝土试块进行强度试验。

（5）蒸汽养护的预制构件，其强度评定混凝土试块应随同构件蒸养后，再转入标准同条件养护。构件脱模起吊、预应力张拉和放张的混凝土同条件试块，其养护条件应与构件生产中采用的养护条件相同。

（6）混凝土浇筑时应符合下列要求：

1）混凝土浇筑前，预埋件及预留钢筋的外露部分宜采取防止污染的措施。

2）混凝土应均匀连续浇筑，投料高度不宜大于 600mm，并应均匀摊铺。

3）混凝土从出机到浇筑完毕的延续时间，气温高于 25℃时不宜超过 60min，气温不高于 25℃时不宜超过 90min。

（7）混凝土应采用机械振捣密实，对边角及灌浆套筒处充分有效振捣，振捣时应该随时观察固定磁盒是否松动位移，并及时采取应急措施，浇筑厚度使用专门的工具测量，严格控制，对于外叶振捣后应当对边角进行一次抹平，保证构件外叶与保温板间无缝隙，用振捣棒振捣时注意不应触碰钢筋骨架、预埋件等。

（8）夹芯外墙板采用水平浇筑方式成型，保温材料在混凝土成型过程中放置固定，底层混凝土初凝后应进行上层混凝土浇筑。

1）保温板要按照图纸提前下好料，下料尺寸严格按照图纸要求，拼装时不允许存在缝隙，多层敷设时上下层接缝应错开。

2）需要预留、穿孔的位置提前做好，连接件位置提前使用专用工具按照图纸位置开孔，开孔不宜过大，避免外叶混凝土溢浆，导致后期连接件松动。

3）保温板按顺序放入，使用橡胶锤将保温板按顺序敲打密实，特别注意边角的密实程度，严禁上人踩踏，然后将连接件敲入外叶，旋转 90°，确保保温板与外叶混凝土可靠粘接。

（9）带预埋管线的预制构件，其预埋管线应在浇筑混凝土前预先放置并固定。

（10）带外装饰面的预制构件采用水平浇筑一次成型反打工艺，应符合下列要求：

1）外装饰面砖的图案、分格、色彩、尺寸应符合设计要求。

2）面砖铺贴之前应清理模具，并按照外装饰敷设图的编号分类摆放。

3）面砖敷设前，应按照控制尺寸和标高在模具上设置标记，并按照标记固定和校正面砖。

4）面砖敷设后表面应平整，接缝应顺直，接缝的宽度和深度应符合设计要求。

（11）混凝土浇筑时应该坚持日常检查制度，见表3-11，同时应及时按规定留做混凝土试件，合规养护并及时送地方质检管理部门规定的第三方检验机构检验。

混凝土浇筑日常检查制度表

表 3-11

	技术要求	检验方案		检验方法
		检验员	操作者	
称量误差值	水泥、掺合料、外加剂，砂、石、水按《表3-10 材料的计量误差》	日常巡检 抽检≥1 次/周	自检	目测 标准砝码
混凝土配方	见混凝土配合比	巡检	自检	目测
坍落度	保证坍落度 8～12cm	日常巡检 抽检≥1 次/班	自检	目测 坍落度筒
混凝土标号	≥C30	抽检≥1 次/班	试验室	试件

（二）预制构件混凝土粗糙面

采取切实可行的措施使预制构件和现浇混凝土结合面达到规范和设计要求的粗糙度。

（1）采用模板面预涂缓凝剂工艺，脱模后采用高压水冲洗露出骨料。

（2）对于叠合板叠合面粗糙面在混凝土初凝前进行拉毛处理。

六、预制构件混凝土的养护

（一）预制构件混凝土的养护

（1）混凝土养护可采用覆盖浇水和塑料薄膜覆盖的自然养护、化学保护膜养护和蒸汽养护方法。梁、柱等体积较大预制混凝土构件宜采用自然养护方式，楼板、墙板等较薄预制混凝土构件或冬期生产预制混凝土构件，宜采用蒸汽等加热养护方式。

（2）混凝土浇筑完毕或压面工序完成后应及时敷盖保温，脱模前不得揭开。

（3）涂刷养护剂应在混凝土终凝后进行。

（4）加热养护可选择蒸汽加热、电加热或模具加热等方式。

（5）加热养护制度应通过试验确定，宜采用加热养护温度自动控制装置，宜在常温下预养护 2～6h，升、降温速度不宜超过 20℃/h，最高养护温度不宜超过 70℃，预制构件脱模时的表面温度和环境温度的差值不宜超过 25℃。

（6）夹心保温外墙板最高养护温度不宜超过 60℃。

（二）工厂养护设备

工厂流水线模台存取机和养护窑是设备供应商提供的标准配置，如图 3-96 所示，车间固定台模一般采用伸缩式蒸汽养护罩，如图 3-97 所示。

图 3-96　生产线模台存取机和养护窑

图 3-97　固定台伸缩式蒸汽养护罩

七、预制构件的脱模与表面修补

（一）预制构件的脱模

（1）预制构件蒸汽养护后，养护罩内外温差小于 20℃ 时，方可拆除养护罩进行自然养护。

（2）预制构件脱模应严格按照顺序拆除模具，不得使用振动方式拆模。

（3）预制构件与模具之间的连接部分完全拆除后方可进行脱模、起吊，构件起吊应平稳，楼板应采用专用多点吊架进行起吊，复杂构件应采用专门的吊架进行起吊。

（4）预制构件脱模起吊时混凝土强度应满足设计要求，当无设计要求时应满足预制构件脱模时混凝土强度应不小于 15MPa，脱模后需要移动的预制构件和预应力混凝土构件，混凝土抗压强度应不小于混凝土设计强度的 75%。外墙板、楼板等较薄预制构件起吊时，混凝土强度应不小于 20MPa，梁、柱等较厚预制构件，混凝土强度不应小于 30MPa。

（二）预制构件的表面修补

预制构件脱模后外观质量应符合表 3-12 的规定。外观质量不宜有一般缺陷，不应有严重缺陷，对于已经出现的一般缺陷，应进行修补处理，并重新检查验收，对于已经出现的严重缺陷，修补方案应经设计、监理单位认可之后进行修补处理，并重新检查验收。

构件外观质量缺陷分类　　　　　　　　表 3-12

项目	现象	严重缺陷	一般缺陷
露筋	钢筋未被混凝土完全包裹而外露	纵向受力钢筋有露筋	其他钢筋和箍筋有少量露筋
蜂窝	混凝土表面缺少水泥砂浆而形成石子外露	构件主要受力部位有蜂窝	其他部位有少量蜂窝
孔洞	混凝土中孔穴深度和长度均超过保护层厚度	构件主要受力部位有孔洞	其他部位有少量孔洞
夹渣	混凝土中夹有杂物且深度超过保护层厚度	构件主要受力部位有夹渣	其他部位有少量夹渣

续表

项目	现象	严重缺陷	一般缺陷
疏松	混凝土中局部不密实	构件主要受力部位有疏松	其他部位有少量疏松
裂缝	缝隙从混凝土表面延伸至混凝土内部	构件主要受力部位有影响结构性能或使用功能的裂缝	其他部位有少量不影响结构性能或使用功能的裂缝
连接部位缺陷	构件连接处混凝土缺陷及连接钢筋、连接件松动，插筋严重锈蚀、弯曲，灌浆套筒堵塞、偏位，灌浆套筒堵塞、偏位、破损等缺陷	连接部位有影响结构传力性能的缺陷	连接部位有基本不影响结构传力性能的缺陷
外形缺陷	缺棱掉角、棱角不直、翘曲不平、飞出凸肋等，装饰面砖粘贴不牢、表面不平、砖缝不顺直等	清水或具有装饰的混凝土构件内有影响使用功能和装饰效果的外形缺陷	其他混凝土构件有不影响使用功能的外形缺陷
外表缺陷	构件表面麻面、掉皮、起砂、玷污等	具有重要装饰效果的清水混凝土构件有外表缺陷	其他混凝土构件有不影响使用功能的外表缺陷

八、预制构件的检验

装配式混凝土结构中的构件检验关系到主体的质量安全，应重视。预制构件的检验主要包含三部分：原材料检验、隐蔽工程检验、成品检验。

（一）原材料检验

材料进厂入库前必须经过质检员验收，主要材料应满足表3-13、表3-14的要求，检测程序、检测档案等管理应符合相关规章和标准的规定，需要抽样复验的实验室必须及时跟进取样，需委托第三方检验的实验室亦应及时取样送检，经检验、检测合格后方可使用，严禁使用未经检测或者检测不合格的原材料和国家明令淘汰的材料。

主要材料检验一览表   表 3-13

材料	组批原则	检查依据	委托送检项目
钢筋	同一厂家、同一牌号、同一规格的钢筋，进厂数量60t为一个检验批，大于60t时，应划分为若干个检验批，小于60t时，应作为一个检验批	《钢筋混凝土用钢 第2部分：热压带肋钢筋》GB 1499.2 《金属材料拉伸实验 第1部分：室温试验方法》GB/T 228.1 《金属材料 弯曲试验方法》GB/T 232	每批抽取5个试样，先进行重量偏差检验，再取其中2个试样进行屈服强度、抗拉强度、伸长率、弯曲性能试验
成型钢筋	对同一工程、同一原材料来源、同一组生产设备生产的成型钢筋，检验批量不宜大于30t	《装配式混凝土建筑技术标准》GB/T 51231	每批每种抽取1个，总数不少于3个，检验屈服强度、抗拉强度、伸长率、尺寸偏差和重量偏差
预应力钢筋	同一牌号、同一规格、统一加工状态的钢丝组成，每批质量不大于60t	《预应力混凝土用钢绞线》GB/T 5224 《预应力混凝土用钢丝》GB/T 5223	表面、外形尺寸逐盘检验，抗拉强度、弯曲次数、扭转、钢丝伸直性、端头收缩率取样为1根/盘，最大力下伸长率取样为3根/每批

续表

材料	组批原则	检查依据	委托送检项目
保温材料	同一厂家、同一品种且同一规格，不超过 5000m² 为一批	《装配式混凝土建筑技术标准》GB/T 51231	1200×60×实际使用厚度试件 13 件，检验导热系数、密度、压缩强度、吸水率和燃烧性能
内外叶墙板拉结件	按进厂批次，每批随机抽取 3 个试样进行检查	《装配整体式混凝土结构工程预制构件制作与验收规程》DB37/T 5020 表 4.4.4 要求	拉伸强度、拉伸弹性模量、弯曲强度、弯曲弹性模量、剪切强度
钢筋连接套筒	按进厂批次，每批随机抽取 3 个试样进行检查	《装配整体式混凝土结构工程预制构件制作与验收规程》DB37/T 5020	应对抗拉强度、延伸率、屈服强度（钢材类）、球化率（球墨铸铁类）
钢筋套筒连接灌浆料	同一厂家、同一类别、同一规格，10000m² 为一批	《装配整体式混凝土结构工程预制构件制作与验收规程》DB37/T 5020 《混凝土结构试验方法标准》GB/T 50152	抗压强度
灌浆套筒接头工艺检验	同一原材料、同一炉（批）号、同一类型、同一规格的灌浆套筒，检验批量不应大于 1000 个	《钢筋机械连接技术规程》JGJ 107	构件生产前，每批随机抽取 3 个灌浆套筒采用与之匹配的灌浆料制作对中连接接头进行抗拉强度检验，并应制作至少 1 组灌浆料强度试件
钢筋锚固板	同一施工条件、同一批材料的同类型、同规格的；螺纹连接锚固板应以 500 个作为一个验收批；焊接连接锚固板应以 300 个为一个验收批	《钢筋锚固板应用技术规程》JGJ 256	螺纹和焊接连接锚固板每个验收批均抽取 3 个试件作拉伸强度试验；螺纹连接锚固板每个验收批抽取 10% 进行扭紧扭矩校核
预埋吊件	同一厂家、同一类别、同一规格，10000m² 为一批	《装配式混凝土建筑技术标准》GB/T 51231	外观尺寸、材料性能、抗拉拔性能

混凝土材料检验一览表 表 3-14

材料	组批原则	检查依据	委托送检项目
水泥	同一厂家、同一品种、同一代号、同一强度等级且连续进厂的硅酸盐散装水泥不超过 500t 为一批	《通用硅酸盐水泥》GB 175	每批抽取 12kg 试样进行水泥强度、安定性和凝结时间试验
矿物掺合料	同一厂家、同一品种、同一技术指标，粉煤灰和粒化高炉矿渣粉不超过 200t 为一批，硅灰不超过 30t 为一批	《用于水泥和混凝土中的粉煤灰》GB/T 1596 《用于水泥和混凝土中的粒化高炉矿渣粉》GB/T 18046	粉煤灰取样 3kg 进行细度、需水量比、烧失量试验，矿粉取样 20kg 进行比表面积、活性指数、流动度比试验

材料	组批原则	检查依据	委托送检项目
减水剂	同一厂家、同一品种掺量大于1%（含1%）的产品不超过100t为一批，掺量小于1%（含1%）的产品不超过50t为一批	《混凝土外加剂》GB/T 8076《混凝土外加剂应用技术规范》GB 50119	0.2t 水泥所用掺量取样检验减水率、泌水率比、含气量、凝结时间差、1h经时变化量坍落度、抗压强度比
砂子	同一厂家（产地）同一规格，不超过400m³或600t为一批	《普通混凝土用砂、石质量及检验方法标准》JGJ 52	取样20kg进行含泥量、泥块含量、细度模数检验
石子	同一厂家（产地）同一规格，不超过400m³或600t为一批	《普通混凝土用砂、石质量及检验方法标准》JGJ 52	取样20kg进行含泥量、泥块含量、针片状含量、颗粒级配检验

（二）隐蔽工程检验

装配式混凝土结构连接节点及叠合构件浇筑混凝土前应进行隐蔽工程验收，隐蔽工程验收应包含下列主要内容：

（1）混凝土粗糙面的质量，键槽的尺寸、数量、位置。

（2）钢筋的牌号、规格、数量、位置、间距，箍筋弯钩的弯折角度及平直段长度，钢筋的连接方式、接头位置、接头数量、接头面积百分率、搭接长度及锚固长度等，详见表3-7《钢筋成品的允许偏差和检验方法》和表3-8《钢筋桁架允许尺寸偏差》。

（3）预埋件、吊点、插筋的规格、数量、位置等；灌浆套筒、预留孔洞的规格、数量、位置等；钢筋的混凝土保护层厚度；夹心外墙板的保温层位置、厚度，拉结件的规格、数量、位置等；预埋管线、线盒的规格、数量、位置及固定措施，详见表3-7《预埋件安装允许尺寸偏差及检查方法》。

（4）预制混凝土构件接缝处防水、防火等构造做法。

（5）保温及节点施工。

（6）预制构件厂的相应管理部门应及时对预制构件混凝土浇筑前的隐蔽分项进行自检并做好验收记录。

（7）其他隐蔽项目。

（三）成品检验

（1）预制构件的混凝土外观质量不应有严重缺陷，外观质量按表3-12《构件外观质量缺陷分类》进行检查。

（2）预制构件不应有影响结构性能、安装和使用功能的尺寸误差，对超过尺寸允许误差且影响结构性能和安装使用功能的部位应经原设计单位认可，制定技术处理方案进行处理，并重新检查验收。预制构件尺寸偏差及预留孔、预留洞、预埋件、预留插筋、键槽的位置和检验方法应符合现行国家标准《装配式混凝土结构建筑技术标准》GB/T 51231—2016中的表9.7.4-1《预制楼板类构件外形尺寸允许误差及检验方法》、表9.7.4-2《预制墙板类构件外形尺寸允许误差及检验方法》、表9.7.4-3《预制梁柱桁架类构件外形尺寸允许误差及检验方法》、表9.7.4-4《装饰构件外观尺寸允许误差及检验方法》检查验收。

（3）结构性能检验

预制构件进场时，预制构件结构性能检验应符合下列规定：

1）梁板类简支受弯预制构件进场时应进行结构性能检验，并应该符合下列规定：

① 结构性能检验应符合标准和设计要求，检验要求和试验方法应符合《混凝土结构工程施工质量验收规范》GB 50204 附录 B 的规定。

② 钢筋混凝土构件和和允许出现裂缝的预应力混凝土构件应进行承载力、挠度和裂缝宽度检验，不允许出现裂缝的预应力构件应进行承载力、挠度和抗裂检验。

③ 对大型构件及有可靠应用经验的构件，可只进行结构性能检验。

2）对于使用数量较少或设计允许不做检验的叠合梁、底板，可以不做结构性能检验。

3）对于不做结构性能检验的预制构件，应采取下列措施：

① 施工单位或监理单位代表应驻厂监督生产过程。

② 当无驻厂监督时，预制构件进场时应对其主要受力钢筋数量、规格、间距、保护层厚度及混凝土强度等进行实体检验。

检验数量：同一类型预制构件不超过 1000 个为一批，每批随机抽取 1 个构件进行结构性能检验。

检验方法：检查结构性能检验报告或实体检验报告。

九、预制构件的标识与交付资料

（一）预制构件的标识

（1）预制构件脱模后应在其表面醒目位置，按构件设计制作图要求对每件构件进行编码，明显标识构件编号、生产日期、生产单位，编码喷号一般喷在构件内叶中间由下至上 600mm 处，喷涂的号码应清晰、准确、耐久，构件验收合格后，加注质量验收合格标志。

（2）构件编码系统应包括构件型号、质量情况、使用部位、外观、生产日期（批次）（合格）字样，可以采用编制二维码张贴标识，并应该积极建设信息系统采取植入标识信息芯片的管理系统，再进一步加入行业系统物联网按统一要求编码标识。

（二）预制构件交付的产品质量证明文件

（1）出厂合格证。

（2）混凝土强度检验报告。

（3）钢筋套筒等其他构件连接类型的工艺检验报告。

（4）合同要求的其他质量证明文件。

十、预制构件的储存和运输

（1）存放场地应平整、坚实，并应有排水措施。

（2）应按照产品品种、规格型号、检验状态分类存放，存放构件的支垫应坚实，可以配备存放安全、便于分类排放的专用存放架，如图 3-98、图 3-99 所示。

（3）垫木或垫块在构件下的位置宜与脱模、吊装时的起吊位置一致，应将预埋吊件向上，标志向外。

（4）重叠堆放构件时，每层构件间的垫木或垫块应在同一垂直线上，叠放层数应根据构件与垫木或垫块的承载能力及堆垛的稳定性确定，一般不能超过 6 层，长期存放时，应采取措施控制预应力构件起拱值和叠合板翘曲变形。

图 3-98 墙板存放架

图 3-99 叠合板存放架

第四章 装配整体式混凝土结构工程施工技术

第一节 施 工 流 程

一、装配整体式框架结构的施工流程

装配整体式框架结构是以预制柱（或现浇柱）、叠合板、叠合梁为主要预制构件，并通过叠合板的现浇以及节点部位的后浇混凝土而形成的混凝土结构，其承载力和变形满足现行国家规范的要求，如图 4-1 所示。

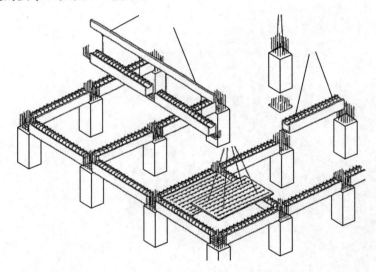

图 4-1 装配整体式框架结构示意

装配整体式框架结构的施工流程如图 4-2 所示。

如混凝土柱采用现浇，其施工流程如图 4-3 所示。

二、装配整体式剪力墙结构的施工流程

装配整体式剪力墙结构由水平受力构件和竖向受力构件组成，构件采用工厂化生产（或现浇剪力墙），运至施工现场后经过装配及后浇连接形成整体，其连接节点通过后浇混凝土结合，水平钢筋通过机械连接或其他连接方式，竖向钢筋通过钢筋套筒灌浆连接或其他连接方式。

装配整体式剪力墙结构的施工流程如图 4-4 所示。

如采用现浇剪力墙，其施工流程如图 4-5 所示。

关于装配整体式框架-现浇剪力墙结构的施工流程，可参照装配整体式框架结构和现浇剪力墙结构施工流程。

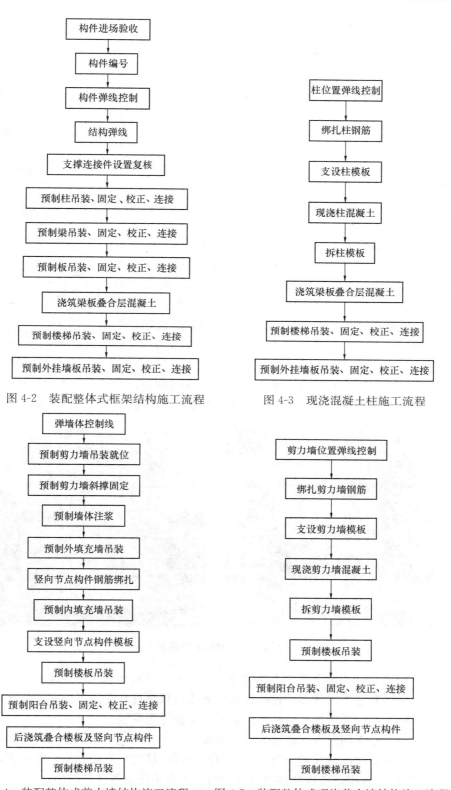

图 4-2　装配整体式框架结构施工流程

图 4-3　现浇混凝土柱施工流程

图 4-4　装配整体式剪力墙结构施工流程

图 4-5　装配整体式现浇剪力墙结构施工流程

第二节 构件安装施工技术

一、预制柱施工技术要点

（一）预制框架柱吊装的施工流程（图 4-6）

预制柱安装前应制定专项方案，并经专家评审通过，在后期安装过程严格按照专项方案执行。同时，预制柱安装前须进行进场材料检验及钢筋和灌浆套筒适配性和拉拔试验，试验合格后方可进行预制柱安装。

其吊装示意图如图 4-7 所示。

（二）施工技术要点

（1）进场验收检查：检查进场的预制柱规格、尺寸、外观质量、预留预埋、混凝土的强度是否符合设计和规范要求；检查预制柱上预留套管、预留钢筋及其他预埋件是否符合设计要求；检查钢筋套管内是否有杂物；检查预制柱出厂质量有关资料是否齐全；标识标示、构件编号是否清晰；同时做好记录，如有不符合设计要求，影响工程质量的，进行退货处理。

（2）现场存放：存放场地应夯实硬化，且排水顺畅，预制柱放置时下部垫木截面不小于 100mm×100mm，预制柱

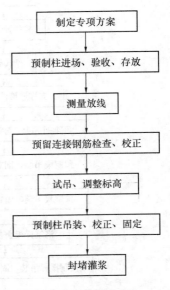

图 4-6 预制框架
柱吊装施工流程

图 4-7 预制框架柱吊装示意

一般不宜重叠码放，如重叠堆放不得超过 2 层，上下垫木在同一垂直线上。

（3）根据预制柱平面各轴的控制线和柱框线校核预埋套管位置的偏移情况，并做好记录，若预制柱有小距离的偏移需借助协助就位设备进行调整。

（4）以上三项无问题方可进行预制柱吊装。

（5）吊装前在柱四角放置金属垫块，以利于预制柱安装高度和垂直度校正，用经纬仪（垂准仪）检测垂直度，若有少许偏差运用钢垫片和千斤顶等进行调整。

（6）预制柱初步就位时应将预制柱灌浆套筒与下层预制柱的预留钢筋初步试对，无问题后准备进行固定。

（7）预制柱接头连接

预制柱连接采用钢筋套筒灌浆连接技术。

1）预制柱安装高度及垂直度矫正无误后，在柱脚四周采用高强水泥基坐浆材料封边，形成密闭灌浆腔，保证在最大灌浆压力（约 1MPa）下密封有效。

2）灌浆前应进行灌浆套筒和灌浆料匹配性试验，试验合格后方可进行灌浆作业。

3）如所有连接接头的灌浆口都未被封堵，当灌浆口漏出浆液时，应立即用胶塞进行封堵牢固，如排浆孔事先封堵胶塞，摘除其上排浆孔的封堵胶塞，直至所有灌浆孔都流出浆液并已封堵后，等待排浆孔出浆。

4）一个灌浆单元只能从一个灌浆口注入，不得同时从多个灌浆口注浆，待所有排浆孔均出浆并封堵后，注浆泵应继续持压 1min，以保证灌浆密实度。

5）灌浆过程中现场监理应旁站并对全过程进行录像、填写灌浆记录。

6）灌浆料拌合物应在制备后 0.5h 内用完，灌浆作业应采取压浆法从下口灌注，浆料从上口流出时应及时封闭，宜采用专用堵头封闭，封闭后灌浆料不应有任何外漏。

7）灌浆施工时宜控制环境温度，必要时，并应对连接处采取保温加热措施。

8）灌浆作业完成后 12h 内，构件和灌浆连接接头不应受到振动或冲击。

二、预制梁施工技术要点

（一）预制梁吊装施工流程（图 4-8）

预制梁安装如图 4-9 所示。

（二）施工技术要点

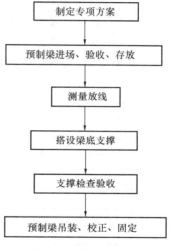

图 4-8 预制梁吊装施工流程

（1）进场验收检查：检查进场的预制梁规格、尺寸、外观质量及混凝土的强度是否符合设计和规范要求；检查预制梁上钢筋、预留槽口（洞口）等是否符合设计要求；检查预制梁出厂质量有关资料是否齐全，标识标示、构件编号是否清晰；同时做好记录，如有不

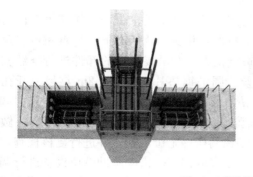
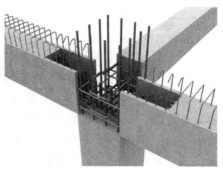

图 4-9 预制梁安装示意

符合设计要求，影响工程质量的，进行退货处理。

（2）现场存放：存放场地应夯实硬化，且排水顺畅，预制梁放置时下部垫木应对应吊点位置，且垫木不小于 100mm×100mm，预制梁不应重叠码放。

（3）测出柱顶与梁底标高，柱上弹出梁定位控制线。

（4）梁底支撑采用立杆支撑＋可调顶托＋100mm×100mm 木方（或铝合金工字梁），预制梁的标高通过支撑体系的顶丝来调节。

（5）梁起吊时，吊索和预制梁之间的角度不小于 60°。

（6）当梁初步就位后，采用可调支撑进行梁高度精确调整，通过定位控制线将梁精确定位，完成定位后将可调支撑锁紧并摘钩完成吊装。

（7）主梁吊装结束后，根据柱上已放出的梁边和梁端控制线，检查主梁上的次梁缺口位置是否正确，如不正确，需做相应处理后方可吊装次梁，梁在吊装过程中要按柱对称吊装。

（8）预制梁板柱连接

1）连接节点混凝土浇筑前应将键槽内的杂物清理干净，并提前浇水湿润。

2）连接节点钢筋绑扎应符合设计及现行规范要求。

三、预制剪力墙施工技术要点

（一）预制墙板吊装流程（图 4-10）

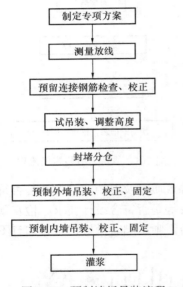

图 4-10 预制墙板吊装流程

（二）施工技术要点

（1）预制墙板进场验收：检查进场的预制墙板规格、尺寸、外观质量、预留预埋、混凝土的强度是否符合设计和规范要求；检查预制墙板上预留套管、预留钢筋及其他预埋件是否符合设计要求；检查钢筋套管内是否有杂物；检查预制墙板出厂质量有关资料是否齐全，标识标示、构件编号是否清晰；同时做好记录，如有不符合设计要求，影响工程质量的，进行退货处理。

（2）现场存放：存放场地应夯实硬化，且排水顺畅，预制墙板现场存放应设专用存放架，以便墙板存放，较大墙板，除用存放架固定外，增设斜支撑临时固定，防止存放期间倾倒，预制墙板应竖向放置，且下部垫木不小于 100mm×100mm。

（3）吊装前准备：因墙板较重，首先在吊装前对起重设备进行安全检查，并在空载状态下对吊臂角度、负载能力、吊绳等进行检查，对吊装困难的部件进行空载实际演练（必须进行），将导链、斜撑杆、膨胀螺丝、调平钢垫片、扳手、2m 靠尺、开孔电钻等工具准备齐全，操作人员对操作工具进行清点。提前架好经纬仪、激光水准仪并调平。

（4）测量放线：将所有墙的位置在地面弹好墨线，测量剪力墙位置处标高并做好记录，根据后置埋件布置图，采用后钻孔法安装预制构件定位卡具，并进行复核检查，校核连接钢筋位置，并做好记录，若连接钢筋有小距离的偏移需借助协助就位设备进行调整。

（5）起吊墙板：吊装前应加工专用吊具，并加倒链，以方便人工缓降，吊装必须加设揽风绳,其吊装示意图如图 4-11 所示。

(6)安装就位:为保证操作人员的安全,吊装经过的区域下方设置警戒区,施工人员应撤离,由信号工指挥。吊至墙板位置时缓缓下放,就位时待墙板下降至作业面 1m 左右高度时施工人员方可靠近操作,当墙板快要落至楼面时,采用人工操作导链缓缓降落墙板。根据楼面所放出的墙板侧边线、端线、垫块、外墙板下端的连接件(连接件安装时外边与外墙板内边线重合)使外墙板就位,根据控制线精确调整外墙板底部,使底部位置和测量放线的位置重合。

图 4-11 预制墙板吊装示意

(7)微调、固定:根据标高调整横缝竖缝,一定做到横平竖直,竖缝宽度可根据墙板端线控制,用 2m 靠尺复核外墙板垂直度,旋转斜支撑调整,直到构件垂直度符合设计规范要求。再次复核标高和垂直度,确认偏差在规范允许范围后,利用预制墙板上的预埋螺栓和地面后置膨胀螺栓(或预埋螺栓)紧固斜支撑,当斜支撑固定完成后方可松开吊钩(注:每个墙板的临时支撑不宜少于 2 道,其支撑点距离板底的距离不宜小于构件高度的2/3,在调节斜撑杆时必须两名工人同时间、同方向进行操作),如图 4-12 所示。

(8)套筒灌浆

1)灌浆前应进行灌浆套筒和灌浆料匹配性试验,试验合格后方可进行灌浆作业。

2)灌浆作业完成后 12h 内,构件和灌浆连接接头不应受到振动或冲击。

四、预制叠合板施工技术要点

(一)预制叠合板吊装工艺流程(图 4-13)

图 4-12 支撑调节固定

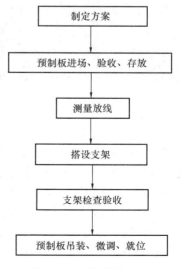

```
制定方案
  ↓
预制板进场、验收、存放
  ↓
测量放线
  ↓
搭设支架
  ↓
支架检查验收
  ↓
预制板吊装、微调、就位
```

图 4-13 预制叠合板吊装工艺流程

（二）施工技术要点

（1）预制叠合板进场验收：检查进场的预制叠合板规格、尺寸、外观质量、预留预埋、混凝土的强度是否符合设计和规范要求；检查预制叠合板出厂质量有关资料是否齐全，标识标示、构件编号是否清晰；同时做好记录，如有不符合设计要求，影响工程质量的，进行退货处理。

（2）现场存放：堆放场地应混凝土硬化、平整，并应有较好排水措施，预制叠合板应按照不同型号、规格分类堆放，各层预制叠合板应下部设置垫木，垫木应上下对齐，不得脱空，堆放层数不应大于6层。

（3）测量放线：叠合板吊装前，测量并弹出相应预制叠合板四周控制线。

（4）支架搭设：板底支撑采用钢管脚手架＋可调顶托＋横梁（木方或铝合金）。

1）支撑架体应具有足够的承载能力、刚度和稳定性，必要时进行验算。

2）确保支架间距及距离墙等叠合板支座净距不大于500mm，支架间距不大于3.3m，如图4-14所示。

3）支架顶部采用可调顶托，顶托上铺设方木或轻质铝合金梁，将方木或铝合金梁顶高调至设计预制叠合板板底设计标高，横梁顶标高符合现行规范要求，如图4-15所示。

（5）预制叠合板吊装

在可调顶托上架设木方，调节木方顶面至板底设计标高，开始吊装预制叠合板，如图4-14所示，应严格按照预制叠合板标定吊点位置挂钩，起吊就位应垂直平稳，两点起吊或多点起吊时吊索与板水平面所成夹角不宜小于60°，不应小于45°。

图4-14　单向叠合底板支撑示意　　　　　图4-15　双向叠合板支撑及底模示意

预制叠合板吊至支架上方3～6cm后，调整板位置使锚固筋与梁箍筋错开便于就位，板边线基本与控制线吻合，将预制叠合板坐落在木方顶面，及时检查板底与墙（或梁）的接缝是否到位，预制叠合板钢筋入墙长度是否符合要求，直至吊装完成，如图4-16所示。

安装预制叠合板时，应将叠合板安装至设计位置，当叠合板有胡子筋伸出与梁上部纵向钢筋冲突时，先吊装完叠合板再进行梁上部纵向钢筋安装。

（6）当一跨板吊装结束后，要根据板四周边线弹出的标高控制线对板标高及位置进行精确调整，叠合板安装尺寸控制在现行规范要求误差范围以内。

五、预制楼梯施工技术要点

（一）预制楼梯安装工艺流程（图4-17）

图 4-16　叠合板吊装顺序示意

（二）施工技术要点

（1）预制楼梯进场验收：检查进场的预制楼梯规格、尺寸、外观质量、预留预埋、混凝土的强度是否符合设计和规范要求；检查预制楼梯出厂质量有关资料是否齐全，标识标示、构件编号是否清晰；同时做好记录，如有不符合设计要求，影响工程质量的，进行退货处理。

（2）测量放线：楼梯间周边梁板叠合后，测量并弹出相应楼梯构件端部和侧边的控制线。

（3）试吊：预制楼梯板，检查吊点位置是否准确，吊索受力是否均匀等，试吊高度不应超过 1m。

（4）坐浆：将楼梯段平台下部提前用水湿润，在楼梯段平台下部安装位置放置适当高度的垫块，并进行坐浆。

（5）安装、就位：吊钩与楼梯之间须加用导链，吊装前调整导链长度，使楼梯段处于竖直（以便楼梯段吊入梯井），当降落至距安装位置还有 1m 时，采用人工操作导链降落，并将楼梯段调整至水平位置，然后缓慢安装到设计位置，吊装如图 4-18、图 4-19 所示。

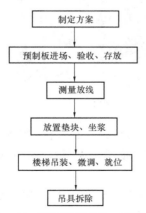

```
制定方案
  ↓
预制板进场、验收、存放
  ↓
测量放线
  ↓
放置垫块、坐浆
  ↓
楼梯吊装、微调、就位
  ↓
吊具拆除
```

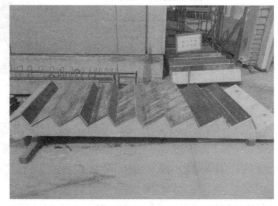

图 4-17　预制楼梯安装工艺流程　　　　图 4-18　楼梯运到现场后的成品保护

（6）微调、定位：根据已放出的楼梯控制线，将楼梯段进行微调，并通过仪器测量保证安装偏差在现行规范允许偏差以内，准确就位后方可摘除吊钩。

六、预制阳台、空调板施工技术要点

（一）安装工艺流程（图 4-20）

图 4-19 楼梯吊装示意

（二）施工技术要点

（1）预制阳台、空调板进场验收：检查预制阳台和空调板规格、尺寸、外观质量、预留预埋、混凝土的强度是否符合设计和规范要求；检查预制阳台、空调板出厂质量有关资料是否齐全，标识标示，构件编号是否清晰；同时做好记录，如有不符合设计要求，影响工程质量的，进行退货处理，预制窗台板如图 4-21 所示。

```
┌──────────────┐
│   制定方案   │
└──────┬───────┘
       ↓
┌──────────────────┐
│预制构件进场、验收、存放│
└──────┬───────────┘
       ↓
┌──────────────┐
│   测量放线   │
└──────┬───────┘
       ↓
┌──────────────┐
│   搭设支架   │
└──────┬───────┘
       ↓
┌──────────────┐
│  支架检查验收 │
└──────┬───────┘
       ↓
┌──────────────────┐
│预制板吊装、微调、就位│
└──────┬───────────┘
       ↓
┌──────────────┐
│     摘钩     │
└──────────────┘
```

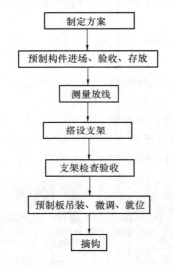

图 4-20 预制阳台、空调板安装工艺流程　　图 4-21 预制窗台板

（2）测量放线：预制构件吊装前测量并弹出相应周边（隔板、梁、柱）控制线。

（3）支架搭设：板底支架采用钢管脚手架＋可调顶托＋横梁，调节顶托，将横梁顶面标高调至板底设计标高，横梁顶标高符合现行规范要求。

（4）吊装、就位：预制构件吊至设计位置上方 3～6cm 后，调整位置使锚固筋与已完成结构预留筋错开，便于就位，构件边线基本与控制线吻合。

（5）当一跨板吊装结束后，要根据板周边线、隔板上弹出的标高控制线对板标高及位置进行精确调整，误差控制在现行规范允许偏差范围以内。

七、预制外挂板施工技术要点

（一）预制外挂板安装施工工艺流程（图 4-22）

（二）施工技术要点

（1）预制外挂板进场验收：检查进场的外挂板规格、尺寸、外观质量、预留预埋、混凝土的强度是否符合设计和规范要求；检查外挂板出厂质量有关资料是否齐全，标识标示、构件编号是否清晰；同时做好记录，如有不符合设计要求，影响工程质量的，进行退货处理。

（2）制定方案：安装前应制定专项施工方案，方案需由监理工程师和设计人员进行审核批复，安装前应对安装人员进行培训和技术交底。

（3）测量放线：预制外挂板安装前应对各结构外立面进行系统测量，发现不符合现行规范要求的结构部位应提前标识出来，处理方案应报设计和监理批准，确保各立面外挂板安装平整度。

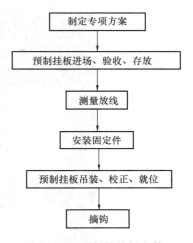

制定专项方案

↓

预制挂板进场、验收、存放

↓

测量放线

↓

安装固定件

↓

预制挂板吊装、校正、就位

↓

摘钩

图 4-22　预制外挂板安装
施工工艺流程

预制外挂墙板安装应从下向上安装，每层均设至少 2 个高程基准点，同时进行轴线测量，并在结构立面上标定各外挂板的位置。

（4）试安装：外挂墙板正式安装前应通过试安装检验工艺方案、人员、设备等因素的适应性，如果发现问题及时分析解决，并总结经验完善专项方案及工艺流程。

（5）安装就位：严格按专项方案确定的工艺流程进行顺序安装，吊装时应缓升慢降，保持稳定，不得偏斜、摇摆和扭转。外挂板的校核与偏差调整应遵循下列要求：

1）外挂墙板拼缝平整度的校核，应以楼地面水平线为准进行调整；侧面中线及板面垂直度的校核，应以中线为主进行调整；上下校正时，应以竖缝为主进行调整；山墙阳角与相邻板的校正，以阳角为基准调整。

2）外挂墙进行板接缝应以满足外墙面平整为主，内墙面不平或翘曲时，可在内装饰或内保温层内调整。

3）外挂墙板安装就位后应立即进行下部螺栓固定并做好防腐防锈处理，上部预留钢筋与叠合板钢筋或框架梁预埋件焊接。

（6）外挂墙板连接接缝采用防水耐候胶施工时应符合下列规定：

1）外挂墙板连接接缝防水节点基层及空腔排水构造做法符合设计要求。

2）外挂墙板外侧水平、竖直接缝的防水密封胶封堵前，侧壁应清理干净，保持干燥，嵌缝材料应与挂板牢固粘结，不得漏嵌和虚粘。

3）外侧竖缝及水平缝防水密封胶的注胶宽度、厚度应符合设计要求，防水密封胶应在外挂板校核固定后嵌填，先安放填充材料，然后注胶。防水密封胶应均匀顺直，饱满密实，表面光滑连续，如图 4-23 所示。

4）外挂墙板"十"字拼缝处的防水密封胶注胶连续完成。

八、预制内隔墙施工技术要点

（一）安装工艺流程（图 4-24）

（二）操作要点

（1）进场验收：检查进场内隔墙品种、规格、性能、颜色均应符合设计要求；有隔

图 4-23　外挂墙板

声、隔热、阻燃、防潮等要求的，应有相应性能检测报告，并符合相关的规定要求；同时做好记录，如有不符合设计要求，影响工程质量的，进行退货处理。

（2）测量放线：将所有墙板的位置在地面弹好墨线，测量墙板处标高并做好记录，根据内隔墙宽度，测量定位固定件位置，并进行复核检查。

（3）安装固定件：根据内隔墙宽度，在楼底板及楼层处各安装不少于 2 个固定件，1个固定内隔墙板，同时在对应内隔墙板底部进行坐浆，见图 4-25。

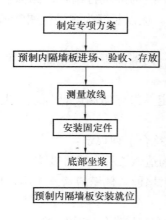

图 4-24　预制内隔墙安　　　　　图 4-25　坐浆施工
　　　装工艺流程

（4）安装就位：安装时尽量从同一方向铺设板材，安装过程中用水平尺及时对板材安装的水平度、板缝间隙等各项指标进行核查以便及时修正，按设计处理好板缝，板缝顺直。

第三节　钢筋套筒灌浆施工技术

灌浆套筒进场时，应抽取套筒，采用与之匹配的灌浆料制作对中连接接头，并作抗拉强度检验，检验结果应符合《钢筋机械连接技术规程》JGJ 107 中Ⅰ级接头对抗拉强度的要求。

一、灌浆套筒钢筋连接灌浆工序（图 4-26）

二、工序操作注意事项

（一）清理墙体接触面：墙体安装前应保持预制墙体与混凝土接触面无灰渣、无油污、无杂物。

（二）连接钢筋检查校正：安装前须对墙板底层预留连接钢筋进行检查，如有偏位进行校正。

（三）铺设高强度垫块：预装墙体下垫设高强度垫块，以调节预装墙板的标高，使预制墙体标高偏差控制在现行规范要求范围以内。

（四）灌浆前封堵分仓：

（1）当采用底部坐浆，单个套筒灌浆时，墙板底部采用坐浆料坐浆，套筒底部采用配套堵塞封堵，放置坐浆料进入套筒内，使套筒内形成密闭空腔。

（2）当采用分仓连续灌浆时，在靠近外墙保温一侧采用橡胶棒进行封堵，墙板底部采用高强水泥基坐浆材料进行分仓（分仓长度不大于 1m），内叶板一侧采用坐浆料封堵，墙板底部形成密闭空腔，封堵完成 8h 后方可进行灌浆。

（五）墙板安装：墙体安放到设计位置后采用专用支撑杆件进行调节，保证墙体垂直度、平整度在允许误差范围内。

（六）润湿注浆孔：注浆前应用水将注浆孔进行润湿，减少因混凝土吸水导致注浆强度达不到要求，且与灌浆孔连接不牢靠。

（七）拌制注浆料：应严格按要求配合比（灌浆料和水比例）要求用量搅拌，灌浆料拌合物的流动度应满足现行国家相关标准和设计要求，搅拌完成后应静置 3～5min，待气泡排除后方可进行施工。

（八）灌浆：采用专用的注浆机进行灌浆，由墙体下部一个注浆孔进行注入（其他注浆孔提前封堵），注浆过程中及时封堵有浆体溢出排浆孔，待该段灌浆区域内所有排浆孔均出浆并封堵完成后，再继续持压（1MPa）1min，确保灌浆密实，如图 4-27 所示。

（九）补浆：当灌浆半个小时后逐个检查排浆孔，如果有灌浆不密实情况，则采用手动注浆器进行补浆。

三、质量保证措施

（1）灌浆料的品种和质量必须符合设计要求和有关标准的规定，每次搅拌应有专人进

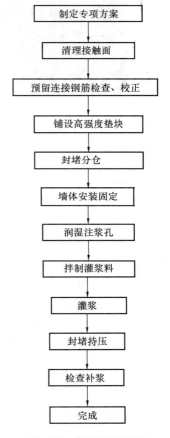

图 4-26　灌浆套筒钢筋
连接注浆工序

制定专项方案

清理接触面

预留连接钢筋检查、校正

铺设高强度垫块

封堵分仓

墙体安装固定

润湿注浆孔

拌制灌浆料

灌浆

封堵持压

检查补浆

完成

图 4-27　注浆及封堵

行搅拌。

（2）灌浆前应进行灌浆套筒和灌浆料匹配性试验，试验合格后方可进行灌浆作业。

（3）灌浆前应制定灌浆操作的专项方案，并对操作工人做好技术交底和培训工作。

（4）注浆前应充分润湿注浆孔洞，防止因孔内混凝土吸水导致注浆料开裂情况发生。

（5）防止因注浆时间过长导致孔洞堵塞，若在注浆时造成孔洞堵塞应从其他孔洞进行补注，直至该孔洞注浆饱满。

（6）灌浆料拌合物应在制备后 0.5h 内用完，灌浆作业应采取压浆法从下口灌注，灌浆料从上口流出时应及时封闭，宜采用专用堵头封闭，封闭后灌浆料不应有任何外漏。

（7）灌浆完成后 12h 内禁止对墙体进行扰动。

（8）待注浆完成一天后应逐个对注浆孔进行检查，发现有个别未注满的情况应进行补注。

（9）灌浆过程中现场监理应旁站并对全过程进行录像、填写灌浆记录。

（10）灌浆施工时需测环境温度，温度过低不宜进行灌浆作业，必要时，并应对连接处采取保温加热措施。

第四节　后浇混凝土施工技术

一、竖向节点构件钢筋连接

（一）现浇边缘构件节点钢筋

对预制装配式剪力墙结构，相邻预制剪力墙的钢筋连接应符合下列规定：

（1）边缘构件应现浇，现浇段内按照现浇混凝土结构的要求设置箍筋和纵筋，预制剪力墙的水平钢筋应在现浇段内锚固，或者与现浇段内水平钢筋焊接或搭接连接，构造如图4-28 所示。

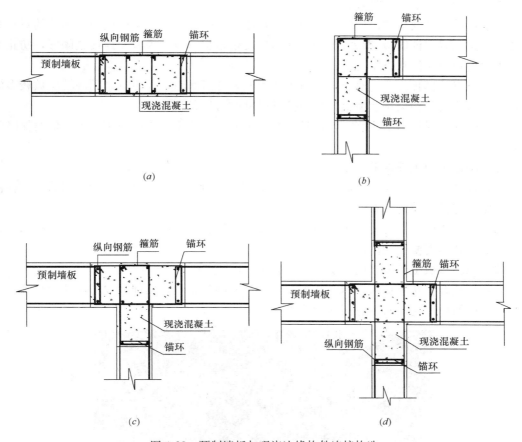

图 4-28 预制墙板与现浇边缘构件连接构造

(a) 一字形接缝；(b) L 形接缝；(c) T 字形接缝；(d) 十字形接缝

（2）相邻预制墙片之间如无边缘构件，应设置现浇段，现浇段的宽度应同墙厚，现浇段的长度，当预制剪力墙的长度不大于 1500mm 时不宜小于 150mm，大于 1500mm 时不宜小于 200mm。现浇段内应设置竖向钢筋和水平环箍，竖向钢筋配筋率不小于墙体竖向分布筋配筋率，水平环箍配筋率不小于墙体水平钢筋配筋率。

（二）现浇边缘构件节点钢筋绑扎工艺

（1）调整预制墙板两侧的边缘构件钢筋，构件吊装就位。

（2）绑扎边缘构件纵筋范围内的箍筋，绑扎顺序是由下而上，然后将每个箍筋平面内的甩出筋、箍筋与主筋绑扎固定就位。由于两墙板间的距离较为狭窄，制作箍筋时将箍筋做成开口箍状，以便于箍筋绑扎。

（3）将边缘构件纵筋以上范围内的箍筋套入相应的位置，并固定于预制墙板的甩出钢筋上。

（4）安放边缘构件纵筋并将其与插筋绑扎固定。

（5）将已经套接的边缘构件箍筋安放调整到位，然后将每个箍筋平面内的甩出筋、箍筋与主筋绑扎固定就位。

二、支设竖向节点构件模板

支设边缘构件及后浇段模板，充分利用预制内墙板间的缝隙及内墙板上预留的对拉螺栓孔充分拉模以保证墙板边缘混凝土模板与后支钢模板（或木模板）连接紧固好，防止胀模。支设模板时应注意以下几点：

（1）节点处模板应在混凝土浇筑时不产生明显变形漏浆，并不宜采用周转次数较多的模板，为防止漏浆污染预制墙板，模板接缝处粘贴海棉条。

（2）采取可靠措施防止胀模，设计时按钢模考虑，施工时也可使用铝模，但要保障施工质量。

三、叠合梁板上部钢筋安装

（1）键槽钢筋绑扎时，为确保 U 形钢筋位置的准确，在钢筋上口加 $\Phi 6$ 钢筋，卡在键槽当中作为键槽钢筋的分布筋。

（2）叠合梁板上部钢筋施工，所有钢筋交错点均绑扎牢固，同一水平直线上相邻绑扣呈八字形，朝向混凝土构件内部。

四、浇筑楼板上部及竖向节点构件混凝土

（1）绑扎叠合楼板负弯矩钢筋和板缝加强钢筋网片，预留预埋管线、埋件、套管、预留洞等，边缘构件浇筑后示意图如图 4-29 所示。

图 4-29　边缘构件浇筑后示意

浇筑时，在露出的柱子插筋上做好混凝土顶标高标志，利用外圈叠合梁上的外侧预埋钢筋固定边模专用支架，调整边模顶标高至板顶设计标高，浇筑混凝土，利用边模顶面和柱插筋上的标高控制标志控制混凝土厚度和混凝土平整度。

（2）当后浇叠合楼板混凝土强度符合现行国家及地方规范要求时，方可拆除叠合板下临时支撑，以防止叠合梁发生侧倾或混凝土过早承受拉应力而现浇节点出现裂缝。

第五节　结构质量控制

一、预制构件进场验收质量控制要点

预制构件进场，使用方应重点检查预制构件的质量证明文件、结构性能检验、混凝土的外观质量、粗糙面的质量及键槽的数量、预制构件的预埋件、预留插筋、预留孔洞、预埋管线等是否符合设计要求，预制构件的质量、标识应符合设计要求和现行国家相关标准规定。

（1）预制构件进场验收

预制构件应在明显部位标明生产单位、构件型号、生产日期和质量验收标志，构件上的预埋件、插筋和预留孔洞的规格、位置和数量应符合标准图或设计的要求，产品合格证、产品说明书等相关的质量证明文件齐全，且与产品相符，预制构件外观质量判定方法应符合表 4-1 的规定。

预制构件外观质量判定方法　　　　　　　　　　　　　　　　表 4-1

项目	现象	质量要求	判定方法
露筋	钢筋未被混凝土完全包裹而外露	受力主筋不应有，其他构造钢筋和箍筋允许少量	观察
蜂窝	混凝土表面石子外露	受力主筋部位和支撑点位置不应有，其他部位允许少量	观察
孔洞	混凝土中孔穴深度和长度超过保护层厚度	不应有	观察
夹渣	混凝土中夹有杂物且深度超过保护层厚度	禁止夹渣	观察
内、外形缺陷	内表面缺棱掉角、表面翘曲、抹面凹凸不平，外表面面砖粘结不牢、位置偏差、面砖嵌缝没有达到横平竖直，转角面砖棱角不直、面砖表面翘曲不平	内表面缺陷基本不允许，要求达到预制构件允许偏差；外表面仅允许极少量缺陷，但禁止面砖粘结不牢、位置偏差、面砖翘曲不平不得超过允许值	观察
内、外表面缺陷	内表面麻面、起砂、掉皮、污染，外表面面砖污染、窗框保护纸破坏	允许少量污染不影响结构使用功能和结构尺寸的缺陷	观察
连接部位缺陷	连接处混凝土缺陷及连接钢筋、拉结件松动	不应有	观察
破损	影响外观	影响结构性能的破损不应有，不影响结构性能和使用功能的破损不宜有	观察
裂缝	裂缝贯穿保护层到达构件内部	影响结构性能的裂缝不应有，不影响结构性能和使用功能的裂缝不宜有	观察

（2）预制构件的外观质量不应有严重缺陷，对已经出现的严重缺陷，应根据合同约定按技术处理方案进行处理，并重新检查验收。

（3）预制构件的尺寸偏差按表 4-2 要求检验，并应符合规范的规定。

预制结构构件尺寸的允许偏差及检验方法　　　　　　表 4-2

项目			允许偏差（mm）	检验方法
长度	板、梁、柱、桁架	＜12m	±5	尺量检查
		≥12m 且＜18m	±10	
		≥18	±20	
	墙板		±4	
宽度、高（厚）度	板、梁、柱、桁架截面尺寸		±5	钢尺量一端及中部，取其中偏差绝对值较大处
	墙板的高度、厚度		±3	
表面平整度	板、梁、柱、墙板内表面		5	2m 靠尺和塞尺检查
	墙板外表面		3	
侧向弯曲	板、梁、柱		$L/750$ 且≤20	拉线、钢尺量最大侧向弯曲处
	墙板、桁架		$L/1000$ 且≤20	
翘曲	板		$L/750$	调平尺在两端量测
	墙板		$L/1000$	
对角线差	板		10	钢尺量两个对角线
	墙板、门窗口		5	
挠曲变形	梁、板、桁架设计起拱		±10	拉线、钢尺量最大弯曲处
	梁、板、桁架下垂		0	
预留孔	中心线位置		5	尺量检查
	孔尺寸		±5	
预留洞	中心线位置		10	尺量检查
	洞口尺寸、深度		±10	
门窗口	中心线位置		5	尺量检查
	宽度、高度		±3	
预埋件	预埋板中心线位置		5	尺量检查
	预埋板与混凝土面平面高差		0，−5	
	预埋螺栓中心线位置		2	
	预埋螺栓外露长度		+10，−5	
	预埋螺栓、预埋套筒中心线位置		2	
	预埋套筒、螺母与混凝土面平面高差		0，−5	
	线管、电盒、木砖、吊环与构件平面的中心线位置偏差		20	
	线管、电盒、木砖、吊环与构件表面混凝土高差		0，−10	
预留插筋	中心线位置		3	尺量检查
	外露长度		+5，−5	
键槽	中心线位置		3	尺量检查
	长度、宽度、深度		±5	
桁架钢筋高度			+5，0	尺量检查

注：1. L 为构件最长边的长度（mm）；

　　2. 检查中心线、螺栓和孔洞位置偏差时，应沿纵横两个方向量测，并取其中偏差较大值。

（4）预制构件不应有影响结构性能和安装、使用功能的尺寸偏差，对超过尺寸允许偏差且影响结构性能和安装、使用功能的部位，应根据合同约定按技术处理方案进行处理，并重新检查验收。

（5）预制构件的外观质量不宜有一般缺陷，对已经出现的一般缺陷，应根据合同约定按技术处理方案进行处理，并重新检查验收，构件表面破损和裂缝处理方法见表4-3。

构件表面破损和裂缝处理方法 表 4-3

项目	现象	处理方案	检验方法
破损	1. 影响结构性能且不能恢复的破损	废弃	目测
	2. 影响钢筋、连接件、预埋件锚固的破损	废弃	目测
	3. 上述1和2以外的，破损长度超过20mm	修补1	目测、卡尺测量
	4. 上述1和2以外的，破损长度20mm以下	现场修补	
裂缝	1. 影响结构性能且不可恢复的裂缝	废弃	目测
	2. 影响钢筋、连接件、预埋件锚固的裂缝	废弃	目测
	3. 裂缝宽度大于0.3mm，且裂缝长度超过300mm	废弃	目测、卡尺测量
	4. 上述1、2、3以外的，裂缝宽度超过0.2mm	修补2	目测、卡尺测量
	5. 上述1、2、3以外的，宽度不足0.2mm且在外表面时	修补3	目测、卡尺测量

注：修补1，用不低于混凝土设计强度的专用修补浆料修补；

　　修补2，用环氧树脂浆料修补；

　　修补3，用专用防水浆料修补。

（6）预制构件按设计要求和现行国家标准《混凝土结构工程施工质量验收规范》GB 50204的有关规定进行结构性能检验，陶瓷类装饰面砖与构件基层的粘结强度应符合现行行业标准《建筑工程饰面砖粘结强度检验标准》JGJ 110和《外墙面砖工程施工及验收规范》JGJ 126等的规定，夹心外墙板的内外叶墙板之间的拉结件类别、数量及使用位置应符合设计要求。

二、预制构件安装质量控制要点

多层装配整体式混凝土结构其预制剪力墙安装时，底部可采用坐浆处理，坐浆厚度不宜大于20mm，坐浆材料强度应大于所连接预制构件设计强度。

（1）墙板坐浆先将墙板下面的现浇板面清理干净，不得有混凝土残渣、油污、灰尘等，以防止构件注浆后产生隔离层影响结构性能，将安装部位洒水湿润，地面上、墙板下放好垫块（垫块材质为高强度砂浆垫块或垫铁），垫块保证墙板底标高的正确，垫块造成的空隙可用坐浆方式填补。（注：坐浆料通常在1h内初凝，所以吊装必须连续作业，相邻墙板的调整工作必须在坐浆料初凝前完成）

（2）坐浆料须满足以下技术要求：

1）坐浆料坍落度不宜过高，一般使用灌浆料加适当的水搅拌而成，必须保证坐浆完成后呈中间高两端低的形状。

2）坐浆料质量要求，骨料最大粒径在5mm以内，且坐浆料必须具有微膨胀性。

3）坐浆料的强度等级应比相应的预制墙板混凝土的设计强度提高一个等级。

（3）连接节点的防腐、防锈、防火和防水构造措施应满足设计要求。

（4）承受内力的接头和拼缝，当其混凝土强度未达到设计要求时，不得吊装上一层结构构件，当设计无具体要求时，应在混凝土强度不小于10MPa或具有足够的支撑时，方可吊装上一层结构构件。已安装完毕的装配整体式混凝土结构，应在混凝土强度达到设计要求后，方可承受全部设计荷载。

（5）预制构件连接接缝处防水材料应符合设计要求，并具有合格证、厂家检测报告及进场复试报告。

三、钢筋工程质量控制要点

（1）装配整体式混凝土结构后浇混凝土内的连接钢筋应埋设准确，连接与锚固方式应符合设计和现行有关技术标准的规定。

（2）构件连接处的钢筋位置应符合设计要求，当设计无具体要求时，应保证主要受力构件和构件中主要受力方向的钢筋位置，并应符合下列规定：

1）框架节点处，梁纵向受力钢筋宜置于柱纵向钢筋内侧。

2）当主次梁底部标高相同时，次梁下部钢筋应放在主梁下部钢筋之上。

3）剪力墙中水平分布钢筋宜置于竖向钢筋外侧，并在墙端弯折锚固。

（3）钢筋套筒灌浆连接及浆锚连接接头的预留钢筋应采用专用模具定位，并应符合下列规定：

1）定位钢筋中心位置存在细微偏差时，宜采用钢套管方式作细微调整。

2）定位钢筋中心位置存在严重偏差影响预制构件安装时，应按设计单位确认的技术方案处理。

3）应采用可靠的固定措施控制连接钢筋的外露长度，以满足设计要求。

（4）装配整体式混凝土结构中后浇混凝土中连接钢筋、预埋件安装位置允许偏差应符合表4-4的规定。

连接钢筋、预埋件安装位置的允许偏差及检验方法　　　　　　　表4-4

项目		允许偏差（mm）	检验方法
连接钢筋	中心线位置	5	尺量检查
	长度	±10	尺量检查
灌浆套筒连接钢筋	中心线位置	2	宜用专用定位模具整体检查
	长度	3，0	尺量检查
安装用预埋件	中心线位置	3	尺量检查
	水平偏差	3，0	尺量和塞尺检查
斜支撑预埋件	中心线位置	±10	尺量检查
普通预埋件	中心线位置	5	尺量检查
	水平偏差	3，0	尺量和塞尺检查

注：检查预埋中心线位置，应沿纵、横两个方向量测，并取其中较大值。

（5）钢筋采用焊接或机械连接时，接头质量应符合国家现行标准《钢筋焊接及验收规程》JGJ 18、《钢筋机械连接技术规程》JGJ 107的要求，采用埋件焊接连接时应符合现行国家标准《钢筋焊接及验收规程》JGJ 18的要求，钢筋套筒灌浆连接部分应符合设计要求及现行建筑工业行业标准《钢筋连接用灌浆套筒》JG/T 398和《钢筋连接用套筒灌浆料》

JG/T 408 的规定，钢筋采用弯钩或机械锚固措施时，钢筋锚固端的锚固长度应符合现行国家标准《混凝土结构设计规范》GB 50010 的有关规定，采用钢筋锚固板时，应符合现行行业标准《钢筋锚固板应用技术规程》JGJ 256 的有关规定。

四、模板工程质量控制要点

（1）模板与支撑应具有足够的承载力、刚度，稳固可靠，应符合设计、专项施工方案要求及相关技术标准规定。

（2）模板与支撑安装应保证工程结构的构件各部分形状、尺寸和位置的准确，模板安装应牢固、严密、不漏浆，且便于钢筋敷设和混凝土浇筑、养护，采取可靠措施防止胀模。

（3）后浇混凝土结构模板宜采用水性隔离剂，隔离剂应能有效减小混凝土与模板间的吸附力，并应有一定的成膜强度，且不应影响脱模后的混凝土表面的后期装饰。

（4）装配整体式混凝土结构中后浇混凝土结构模板的偏差应符合表 4-5 的规定。

模板安装允许偏差及检验方法　　　　　　　　　　　　　　表 4-5

项目		允许偏差（mm）	检验方法
轴线位置		5	尺量检查
底模上表面标高		±5	水准仪或拉线、尺量检查
截面内部尺寸	柱、梁	+4，−5	尺量检查
	墙	+4，−3	尺量检查
层高垂直度	不大于 5m	6	经纬仪或吊线、尺量检查
	大于 5m	8	经纬仪或吊线、尺量检查
相邻两板表面高低差		2	尺量检查
表面平整度		5	用 2m 靠尺和塞尺检查

注：检查轴线位置时，应沿纵横两个方向量测，并取其中的较大值。

（5）模板拆除时，宜采取先拆非承重模板、后拆承重模板的顺序，水平结构应由跨中向两端拆除，竖向结构模板应自上而下拆除。

（6）当后浇混凝土强度能保证构件表面及棱角不受损伤时，方可拆除侧模模板。

（7）叠合构件的后浇混凝土同条件立方体抗压强度达到设计要求时，方可拆除龙骨及下一层支撑，当设计无具体要求时，同条件养护的后浇混凝土立方体抗压强度应符合表 4-6 的规定。

模板与支撑拆除时的后浇混凝土强度要求　　　　　　　　　表 4-6

构件类型	构件跨度（m）	达到设计混凝土强度等级值的百分率（%）
板	≤2	≥50
	>2，≤8	≥75
	>8	≥100
梁	≤8	≥75
	>8	≥100
悬臂构件		≥100

（8）预制墙板斜支撑和限位装置，应在连接节点和连接接缝部位后浇混凝土或灌浆料强度达到设计要求后拆除，当设计无具体要求时，后浇混凝土或灌浆料应达到设计强度的75％以上方可拆除。

（9）预制柱斜支撑应在预制柱与连接节点部位后浇混凝土或灌浆料强度达到设计要求、且上部构件吊装完成后拆除。

五、混凝土工程质量控制要点

（1）浇筑混凝土前，应作隐蔽项目现场检查与验收，验收项目应包括下列内容：

1）钢筋的牌号、规格、数量、位置、间距等。

2）纵向受力钢筋的连接方式、接头位置、接头数量、接头面积百分率、搭接长度等。

3）纵向受力钢筋的锚固方式及长度。

4）箍筋、横向钢筋的牌号、规格、数量、位置、间距，箍筋弯钩的弯折角度及平直段长度。

5）预埋件的规格、数量、位置。

6）混凝土粗糙面的质量，键槽的规格、数量、位置。

7）预留管线、线盒等的规格、数量、位置及固定措施。

（2）混凝土浇筑完毕后，应按施工技术方案要求及时采取有效的养护措施，并应符合以下规定：

1）混凝土浇筑完毕后，应在12h以内对混凝土加以覆盖并养护。

2）浇水次数应能保持混凝土处于湿润状态。

3）采用塑料薄膜覆盖养护的混凝土，其敞露的全部表面应覆盖严密，并应保持塑料薄膜内有凝结水。

4）叠合层及构件连接处后浇混凝土的养护应符合规范要求。

5）混凝土强度达到1.2MPa前，不得在其上踩踏或安装模板及支架。

（3）混凝土冬期施工应按现行规范《混凝土结构工程施工规范》GB 50666、《建筑工程冬期施工规程》JGJ/T 104的相关规定执行。

（4）叠合构件混凝土浇筑前，应清除叠合面上的杂物、浮浆及松散骨料，表面干燥时应洒水湿润，洒水后不得留有积水，应检查并校正预留构件的外露钢筋。

（5）叠合构件混凝土浇筑时，应采取由中间向两边的方式。

（6）叠合构件混凝土浇筑时，不应移动预埋件的位置，且不得污染预埋件外露连接部位。

（7）叠合构件上一层混凝土剪力墙的吊装施工，应在与剪力墙整浇的叠合构件后浇层达到足够强度后进行。

（8）装配整体式混凝土结构中预制构件的连接处混凝土强度等级不应低于所连接的各预制构件混凝土设计强度中的较大值。

（9）用于预制构件连接处的混凝土或砂浆，宜采用无收缩混凝土或砂浆，并宜采取提高混凝土或砂浆早期强度的措施，在浇筑过程中应振捣密实，并应符合有关标准和施工作业要求。

第六节　水、电、暖等预留预埋施工技术

一、水暖安装洞口预留

（1）当水暖系统中的一些穿楼板（墙）套管不易安装时，可采用直接预埋套管的方法，埋设于楼（屋）面、空调板、阳台板上，包括地漏、雨水斗等，需要预先埋设套管。有预埋管道附件的预制构件在工厂加工时，应做好保洁工作，避免附件被混凝土等材料污染、堵塞。

（2）由于预制混凝土构件是在工厂生产现场组装，并和主体结构间靠金属件或现浇混凝土进行连接的，因此，所有预埋件的定位除了要满足距墙面、穿越楼板和穿梁的结构要求外，还应给金属件和墙体留有安装空间，一般距两侧构件边缘不小于40mm。

（3）装配式建筑宜采用同层排水，当采用同层排水时，下部楼板应严格按照建筑、结构、给排水专业的图纸，预留足够的施工安装距离，并且应严格按照给排水专业图纸，预留好排水管道的预留孔洞。

二、电气安装预留预埋

1. 预留孔洞

预制构件一般不得再进行打孔、开洞，特别是预制墙、柱应按设计要求标高预留好过墙的孔洞，重点注意预留的位置、尺寸、数量等方面应符合设计要求。

2. 预埋管线及预埋件

电气施工人员对预制墙构件进行检查，需要预埋的箱盒、线管、套管、大型支架埋件等是否漏设，规格、数量、位置等应符合要求。

预制墙构件中主要埋设：配电箱、等电位联结箱、开关盒、插座盒、弱电系统接线盒（消防显示器、控制器、按钮、电话、电视、对讲等）及其管线。

预埋管线应畅通，金属管线内外壁应按规定做除锈和防腐处理，清除管口毛刺，埋入楼板及墙内管线的保护层不小于15mm，消防管路保护层不小于30mm。

3. 防雷、等电位连接点的预埋

装配式建筑的预制柱是在工厂加工制作的，两段柱体对接时，较多采用的是套筒连接方式，一段柱体端部为套筒，另一段为钢筋，钢筋插入套筒后注浆。如用柱结构钢筋作为防雷引下线，就要将两段柱体钢筋用等截面钢筋焊接起来，达到电气贯通的目的。选择柱体内的两根钢筋做引下线和设置预埋件时，应尽量选择预制墙、柱的内侧，以便于后期焊接操作。

预制构件生产时应注意避雷引下线的预留预埋，在柱子的两个端部均需要焊接与柱筋同截面的扁钢作为引下线埋件，应在设有引下线的柱子室外地面上500mm处，设置接地电阻测试盒，测试盒内测试端子与引下线焊接，此处应在工厂加工预制柱时做好预留，预制构件进场时现场管理人员进行检查验收。

预制构件应在金属管道入户处做等电位联结，卫生间内的金属构件应进行等电位联结，应在预制构件中预留好等电位连接点，整体卫浴内的金属构件应在部品内完成等电位联结，并标明和外部联结的接口位置。

为防止侧击雷，应按照设计图纸的要求，将建筑物内的各种竖向金属管道与钢筋连

接，部分外墙上的栏杆、金属门窗等较大金属物要与防雷装置相连，结构内的钢筋连成闭合回路作为防侧击雷接闪带，均压环及防侧击雷接闪带均须与引下线做可靠连接，预制构件处需要按照具体设计图纸要求预埋连接点。

三、整体卫浴安装预留预埋

（1）施工测量卫生间截面进深、开间、净高、管道井尺寸、窗高、地漏、排水管口的尺寸、预留的冷热水接头、电气线盒、管线、开关、插座的位置等，此外应提前确认楼梯间、电梯的通行高度、宽度以及进户门的高度、宽度等，以便于整体卫浴部件的运输。

（2）卫生间地面找平，给排水预留管口检查，确认排水管道及地漏是否畅通无堵塞现象，检查洗脸面盆排水孔是否可以正常排水，给水预留管口进行打压检查，确认管道无渗漏水问题。

（3）按照整体卫浴说明书进行防水底盘加强筋的布置，加强筋布置时应考虑底盘的排水方向，同时应根据图纸设计要求在防水底盘上安装地漏等附件。

第七节　装配化装修施工技术

一、基本知识

居住建筑全装修工程是实现土建装修一体化、设计标准化、装修部品集成供应、绿色施工、提高工程质量、节能减排的必要手段。

（1）全装修是指居住建筑在竣工前，建筑内部所有功能空间固定面全部铺装或粉刷完成，厨房和卫生间的基本设备全部安装完成；水、暖、电、通风等基本设备全部安装到位。

（2）装配化装修是由工业化技术生产的集成化部品等通过 BIM 技术、模数协调组合进行室内装修。

二、装配化装修工程的设计

（1）装配化装修设计应遵循建筑、装修、部品一体化的设计原则，推行装修设计标准化、模数化、通用化。

（2）装配化装修设计应遵循各部品（体系）之间集成化设计原则，并满足部品制造工厂化、施工安装装配化要求。

（3）装配化装修设计就是对轻质隔墙系统、吊顶系统、楼地面系统、墙面系统、集成式厨房集成式卫生间、内门窗等进行部品选型。

（4）施工综合图是在全装修设计图纸基础上，经过多专业共同会审协调，以具体施工部位为对象的、集合多工种设计于一体的、用于直接指导施工的图纸，旨在反映所使用构（配）件、设备和各类管线的材质、规格、尺寸、连接方式和相对位置关系等，保证做到：

1）建筑、结构、机电设备、装饰各专业的二次装配施工图进行图纸叠加，确认各专业图示的平面位置和空间高度进行相互避让与协调。

2）应以装饰饰面控制为主导，遵循小断面避让大断面、侧面避让立面、阴接避让阳接的避让原则。

3）室内装饰装配施工前，应进行装配综合图的确认工作，并经设计单位审核认可后，方可作为装配施工依据。

4）施工过程中应减少对装配施工综合图和选用部件型号等事项的修改，如需修改时，应出具正式变更文件并存档。

5）采用统一、明确的配套性区域编码，实现无误的配套性区域标准化装配施工。

6）特殊的节能原则，即：零部件产品标准件化、可拆装性及返厂进行多次加工翻新、改变色、质地的反复应用的特性。

三、装配化装修工程的组成

（一）装配式居住建筑装修包括：预制构件、部品的装修施工和一般性装修施工。

（二）预制构件、部品主要包含：

1. 非承重内隔墙系统。

2. 集成式厨房系统。

3. 集成式卫生间系统。

4. 预制管道井。

5. 预制排烟道。

6. 整体收纳系统。

预制构件、部品的装修施工一般在预制工厂内完成，限于本书篇幅，本章节仅介绍"非承重内隔墙系统"和"集成式卫生间系统"。

宜采用装配式楼地面、吊顶、墙面等部品系统。

由于"集成式厨房系统"与"集成式卫生间系统"的组成类似，可参照相关内容进行设计、施工和验收。

"预制管道井"、"预制排烟道"的装饰施工过程因与"非承重内隔墙系统"相似，本章节不再重复进行介绍。

四、非承重内隔墙系统的施工

隔墙墙身的安装流程与质量验收

（一）施工前准备

1. 检查、验收主体墙面是否符合安装要求。

2. 检查产品编号、要求与图纸是否相符，核对预安装产品与已分配场地是否相符。

3. 检查防潮、防护、防腐处理是否达到要求。

4. 核对发货清单（饰面部件清单、配件清单）与到货数量是否正确，是否有质量问题，并填写检查表。

（二）施工操作步骤

操作步骤：熟悉图纸、测量现场尺寸与设计→放线→安装锚固件→按顺序安装隔墙板→安装配板→安装收口板→检查、验收、成品保护。

室内饰面隔墙板安装允许偏差和检验方法见表 4-7。

室内饰面隔墙板安装允许偏差和检验方法　　表 4-7

类别	序号	项目	质量要求及允许偏差（mm）	检验方法	检验数量
主控项目	1	墙板间距及构造连接、填充材料设置	隔墙板间距的构造连接方法应符合设计要求。墙板内设备管线的安装、门窗洞口等部位应安装牢固、位置正确，填充材料的设置应符合设计要求	检查隐蔽工程验收记录	全数检查

续表

类别	序号	项目	质量要求及允许偏差（mm）		检验方法	检验数量
主控项目	2	整体感观	隔墙饰面应平整光滑、色泽一致，纹理相应。洁净、无裂缝，接缝应均匀、顺直		观察；手摸检查	全数检查
	3	墙面板安装	墙面板应安装牢固，无脱层、翘曲、折裂及缺损		观察；手扳检查	全数检查
一般项目	4	立面垂直度	3	4	用 2m 垂直检测尺检查	每面进行测量且不少于 1 点
	5	表面平整度	3	3	用 2m 靠尺和塞尺检查	横竖方向进行测量且不少于 1 点
	6	阴阳角方正	3	3	用直角检查尺检查	
	7	接缝高低差	1	1	用钢直尺和塞尺检查	
	8	接缝直线度		3	拉 5m 线，不足 5m 拉通线用钢直尺检查	
	9	压条直线度		3	拉 5m 线，不足 5m 拉通线用钢直尺检查	

五、集成式卫生间的设计与施工

随着人们生活质量的不断提高，人们对住宅卫生间的品质要求也越来越高，传统湿作业卫生间因渗水、漏水等问题已经越来越满足不了人们对生活质量的要求，集成式卫生间解决了传统湿作业卫生间的渗水、漏水问题，同时也减少了卫生间二次装修带来的建筑垃圾污染。

（一）集成式卫生间的概念

集成式卫生间，就是采用标准化设计、工业化方式生产的一体化防水底盘、墙板及天花板构成的卫生间整体框架，并安装有卫浴洁具、浴室家具、浴屏、浴缸等功能洁具，可以在有限空间内实现洗漱、沐浴、梳妆、如厕等多种功能的独立卫生单元，如图 4-30、图 4-31 所示。

集成式卫生间是在工厂内流水线分块生产墙板、底盘、天花板，然后运至施工现场组装而成，整体卫浴是一类技术成熟可靠、品质稳定优良并与国家建筑产业化生产方式、国家绿色节能环保施工相适应的产业化部品。建设工程采用整体卫浴，减少了现场作业量，提高施工工艺水平，不仅省时省力，还可以降低传统

图 4-30　整体卫浴

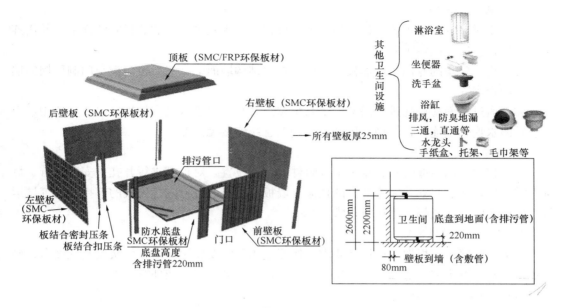

图 4-31 整体卫浴拆分构成示意

能耗，减少建筑垃圾，科学有效利用资源，创造舒适、和谐的居住环境，具有显著的经济效益和节能环保效益。

（二）集成式卫生间施工工艺流程（图 4-32）

（三）施工过程技术控制要点

1. 防水底盘加强筋安装

按照整体卫浴说明书进行防水底盘加强筋的布置，加强筋布置时应考虑底盘的排水方向，同时应根据图纸设计要求在防水底盘上安装地漏等附件。

2. 防水底盘安装

防水底盘安装应该遵循"先大后小"的原则，根据卫生间空间尺寸先安装大底盘，再安装小底盘，并应对底盘表面加设保护垫，防止施工中损坏污染防水底盘。然后用水平仪测量，确保防水底盘四周挡水边上的墙板安装面水平，并保证底盘坡向正确、坡度符合排水设计要求。

3. 墙板拼接

（1）根据墙板编号结合卫生间的尺寸及门洞尺寸，拼接墙板，拼接完成后应检查拼缝大小是否均匀一致，确保相邻两板表面平整一致、拼接缝细小均匀，墙板拼接应首先拼接阴阳角部分的墙板，并安装阴阳角连接片，确保两块墙板拼

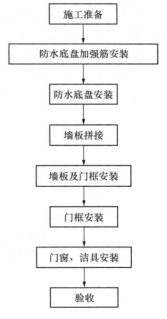

图 4-32 集成式卫生间施工工艺流程

接牢固，然后拼接其他部分的墙面，并按要求布置安装墙面加强筋及加强筋连接片。

（2）复核卫生间墙面卫生器具安装位置，对墙面进行开孔，确保附件开孔安装位置水平垂直，位置准确无误，然后在墙体前后安装阀门、管线、插座等零部件。

4. 墙板及门框安装

（1）将拼装好的墙板依次按空间位置摆放在与防水底盘对应的墙板安装面上，并用连接件将墙板与底盘固定牢固。

（2）将靠门角的专用条形墙板安装固定在门结构墙面上，然后将门框与门洞四周的墙板连接固定牢固。

（3）通过墙面检修孔进行浴室给水系统波纹管与用户给水接头的连接以及其他用水卫生器具的水嘴管线连接，并做水压试验，确保管线连接无渗漏。

5. 顶棚安装

先复核卫生间顶棚灯具、排风扇等附件的安装位置，对顶棚进行开孔并安装风管、灯具等零部件，然后将安装完零部件的顶棚与墙板连接，并进行电气管线的连接及电气试运行，确保线路连接通畅无阻运行正常。

6. 卫生器具及外窗安装

在卫生间墙板上根据图纸设计要求，按照整体卫浴安装说明书，依次安装洗面台、坐便器、浴缸、淋浴室、毛巾架、梳妆镜等器具，最后进行卫生间外窗的安装。

（四）施工质量控制要点

1. 整体卫浴应能通风换气，无外窗的卫浴间应有防回流构造的排气通风道，并预留安装排气机械的位置和条件，且应安装有在应急时可从外面开启的门。

2. 浴缸、坐便器及洗面器应排水通畅，不渗漏，产品应自带存水弯或配有专用存水弯，水封深度至少为 50mm。卫浴间应便于清洗，清洗后地面不积水。

排水管道布置宜采用同层排水方式，排水工程施工完毕应进行隐蔽工程验收。

3. 底部支撑尺寸 h 不大于 200mm，如图 4-33 所示，安装管道的卫浴间外壁面与住宅相邻墙面之间的净距离 a 由设计确定。

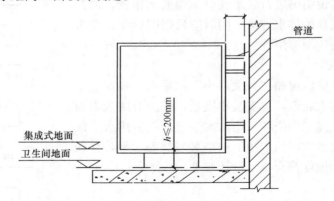

图 4-33　卫浴间与地面、墙面关系示意

第五章 施 工 组 织 管 理

装配整体式混凝土结构施工组织管理包括项目施工进度管理，预制工厂平面布置、施工现场平面布置管理，施工现场临时道路布置，施工现场构件堆场布置，劳动力组织管理，机械设备管理和质量验收与保修组织管理。

第一节 施工组织机构设置

一、项目管理机构设置和职责

根据项目的规模及装配式特点，对项目部管理班子进行合理组建。一般建立以项目经理为首的管理层全权组织施工生产诸要素，对工程的项目工期、质量、安全、成本等综合效益进行高效率、有计划的组织协调和管理。

以工程总承包模式为例，一般装配式工程项目管理机构由项目经理、项目副经理、项目安全总监组成项目经理部的领导层，下设设计管理部、合同采购部、工程管理部和综合管理部，如图 5-1 所示。

项目经理部各成员进行选聘，实行竞争上岗，择优选择实际施工经验丰富、责任心强、能吃苦耐劳、业务素质高的人员进入装配式工程项目部。

项目部各岗位（部门）工作职责如下：

（1）项目经理：对工程全面负责，在组织工程的施工中，建立工程项目的质量保证体系，明确质量分工，确保资源充分配置，做好质量审核工作，在施工中认真执行施工组织设计，组织质量检查和评定，制定措施，确保施工过程处于受控状态，工程质量达到合同要求，对工程的质量、安全负全面责任。

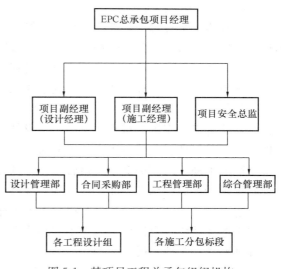

图 5-1 某项目工程总承包组织机构

（2）项目副经理：直接负责土建、吊装、水电安装各专业及特殊专业的施工管理以及协调配合管理。

（3）项目安全总监：组织开展安全管理工作，建立健全安全生产保证体系，制定安全生产责任制度和安全管理制度并监督实施，对项目部进行安全考核，参与施工组织设计及安全施工方案的编制并监督实施。

（4）设计管理部：制定项目总体设计工作计划，协调各阶段、各专业设计工作的有效衔接，紧密配合拓展业务人员进行项目跟进，组织设计交底、协调设计方案、技术方案的比较与审核工作。

（5）合同采购部：负责前期市场调查，进行合同谈判，签订合同并对合同进行管理，负责项目物资和设备采购工作，保证设备及材料等各种物资满足设计质量要求及费用控制要求。

（6）工程管理部：负责项目的施工及组织工作，对分包商进行协调、监督和管理，确保项目施工进度、质量和费用指标的完成，在项目总体计划的基础上，组织编制施工组织设计、施工方案、施工计划、设备进场计划等。

（7）综合管理部：负责设计、采购及施工各部门及各部门下属不同单位的沟通协调工作，对项目全过程资料进行保管存档，全面负责项目后勤管理工作。

二、项目部的协调管理

（一）与设计部门的工作协调

（1）与设计部门联系，进一步了解设计图及工程要求，并根据设计意图及要求，进一步完善施工方案。

（2）主动配合业主单位，积极准备图纸会审资料，将设计缺陷消灭在施工之前，使图纸设计内容更趋完善。

（3）协调公司内部各下属单位在施工中由于诸多原因引起的标高、几何尺寸等平衡工作，对施工中出现的情况，除按设计、监理的要求及时处理外，并会同发包方、设计、监理、质监进行基础验槽、基础验收、主体结构验收及竣工验收等。

（二）与监理工程师工作协调

（1）在施工全过程中，严格执行"三检制"，并自觉接受现场监理工程师对施工情况的检查和验收，对存在的缺陷和不足，严格按照监理工程师的监理指令要求进行处理。

（2）教育现场职工，树立监理工程师的权威，杜绝现场施工班组人员不服从监理工作的不良现象，使监理工程师的指令得到全面执行，对发生不服从监理工程师监理的，实行教育、惩处。

（3）所有进入现场的材料、成品、半成品、设备机具等均主动向监理工程师提交产品合格证及质量保证书，并按规定使用前对需进行现场抽样检查的材料及时见证取样送检，在检验后要主动、及时提交检验报告，得到认可后才能使用。严格把好材料质量关，确保工程施工现场无假冒伪劣产品。

（4）严格执行"上道工序不合格，下道工序不施工"的准则，按规定须进行隐蔽检查验收的工序和部位，要提前与监理工程师联系，及时进行隐蔽检查并办理验收记录，使监理工程师顺利正常地开展工作。

（5）尊重监理工程师，支持监理工程师的工作，维护监理工程师的权威性，对施工中出现的技术意见分歧，应在国家现行规范的基础上经过协商统一认识并开展工作，在施工中出现一般的意见看法不统一时，遵循"先执行监理指令后予以磋商统一"的原则，避免分歧影响施工，在现场施工管理中坚持维护监理的权威性。

（三）与公司内部下属单位协调

（1）严格按照指令组织公司下属单位科学合理地进行作业生产，协调施工中所产生的各种矛盾，以合同为依据对责任方进行追责，减少和避免施工中出现的责任模糊和推诿扯皮现象而贻误工程造成经济损失。

（2）责成公司下属各单位严格按照施工进度计划组织施工，建立质保体系，确保规定的总目标实现。

（3）严禁公司所属各单位擅自代用材料和使用劣质材料。

第二节　施工进度管理

工程建设项目的进度控制是指在既定的工期内，对工程项目各建设阶段的工作内容、工作程序、持续时间和逻辑关系编制最优的施工进度计划，将该计划付诸实施。

进度控制的最终目标是确保进度目标的实现，或者在保证施工质量和不因此而增加施工实际成本的前提下，适当缩短施工工期。

一、施工进度控制方法

进度计划是将项目所涉及的各项工作、工序进行分解后，按照工作开展顺序、开始时间、持续时间、完成时间及相互之间的衔接关系编制的作业计划，通过进度计划的编制，使项目实施形成一个有机的整体，同时，进度计划也是进度控制管理的依据。

工程项目组织实施的管理形式分为 3 种：依次施工、平行施工、流水施工。

依次施工又叫顺序施工，是将拟建工程划分为若干个施工过程，每个施工过程按施工工艺流程顺次进行施工，前一个施工过程完成之后，后一个施工过程才开始施工。

平行施工通常在拟建工程十分紧迫时采用，在工作面、资源供应允许的前提下，组织多个相同的施工队，在同一时间、不同的施工段上同时组织施工。

流水施工是将拟建工程划分为若干个施工段，并将施工对象分解成若干个施工过程，按照施工过程成立相应的工作队，各工作队按施工过程顺序依次完成施工段内的施工过程，依次从一个施工段转到下一个施工段，使相应专业工作队间实现最大限度的搭接施工。

受生产线性能的影响，构件生产一般为依次预制，在具有多条同性能生产线时，可以平行预制生产，在装配施工现场，每栋建筑之间一般采用平行施工，一栋建筑采用依次施工。

二、施工进度计划编制

（一）施工进度计划的分类

施工进度计划按编制对象的不同可分为：建设项目施工总进度计划、单位工程进度计划、分阶段（或专项工程）工程进度计划、分部分项工程进度计划 4 种。

建设项目施工总进度计划：施工总进度计划是以一个建设项目或一个建筑群体为编制对象，用以指导整个建设项目或建筑群体施工全过程进度控制的指导性文件，它按照总体施工部署确定了每个单项工程、单位工程在整个项目施工组织中所处的地位，也是安排各类资源计划的主要依据和控制性文件。由于施工内容多，施工工期长，故其主要体现综合性、控制性，建设项目施工总进度计划一般在总承包企业的总工程师领导下进行编制。

单位工程进度计划：是以一个单位工程为编制对象，在项目总进度计划控制目标的原则下，用以指导单位工程施工全过程进度控制的指导性文件。由于它所包含的施工内容具体明确，故其作业性强，是控制进度的直接依据，单位工程开工前，由项目经理组织，在项目技术负责人领导下进行编制。

分阶段工程（或专项工程）进度计划：是以工程阶段目标（或专项工程）为编制对象，用以指导其施工阶段（或专项工程）实施过程的进度控制文件。分部分项工程进度计划是以分部分项工程为编制对象，用以具体实施操作其施工过程进度控制的专业性文件，分阶段、分部分项进度计划是专业工程具体安排控制的体现，通常由专业工程师或负责分部分项的工长进行编制。

（二）合理安排施工顺序的原则

施工进度计划是施工现场各项施工活动在时间、空间上前后顺序的体现，合理编制施工进度计划就必须遵循施工技术程序的规律，根据施工方案和工程开展程序去组织施工，才能保证各项施工活动的紧密衔接和相互促进，充分利用资源，确保工程质量，加快施工速度，达到最佳工期目标，同时，才能降低建筑工程成本，充分发挥投资效益。

施工程序和施工顺序随着施工规模、性质、设计要求及装配整体式混凝土结构施工条件和使用功能的不同而变化，但仍有可供遵循的共同规律，在装配整体式混凝土结构施工进度计划编制过程中，应充分考虑与传统混凝土结构施工的不同点，以便于组织施工，如图 5-2 所示。

	序号	工序名称	1	2	3	4	5	6	7	8	9	10
单层	1	墙下坐浆										
	2	预制墙体吊装										
	3	墙体注浆										
	4	竖向构件钢筋绑扎										
	5	支设竖向构件模板										
	6	吊装叠合梁										
	7	吊装叠合楼板										
	8	绑扎叠合板楼面钢筋										
	9	电气配管预埋预留										
	10	浇筑竖向构件及叠合楼板混凝土										
	11	吊装楼梯										

图 5-2　单层装配整体式混凝土结构施工进度计划横道图

（1）需多专业协调的图纸深化设计。

（2）需事先编制构件生产、运输、吊装方案，事先确定塔式起重机选型。

（3）需考虑现场堆放预制构件平面布置。

（4）由于钢筋套筒灌浆作业受温度影响较大，宜避免冬期施工。

（5）预制构件装配过程中，应单层分段分区域组装。

（6）既要考虑施工组织的空间顺序，又要考虑构件装配的先后顺序，在满足施工工艺的要求条件下，尽可能地利用工作面，使相邻两个工种在时间上合理地和最大限度地搭接起来。

（7）穿插施工，吊装流水作业。相比传统建筑施工，装配整体式混凝土结构施工过程中对吊装作业的要求大大提高，塔式起重机吊装次数成倍增长，施工现场塔式起重机设备的吊装运转能力将直接影响项目的施工效率和工程建设工期。

三、施工进度优化控制

在装配整体式混凝土结构实施过程中，必须对进展过程实施动态监测，要随时监控项目的进展，收集实际进度数据，并与进度计划进行对比分析，出现偏差，要找出原因及对工期的影响程度，并相应采取有效的措施做必要调整，使项目按预定的进度目标进行。

项目进度控制的目标就是确保项目按既定工期目标实现，或在实现项目目标的前提下适当缩短工期。

（一）施工进度控制程序

施工进度控制是各项目标实现的重要工作，其任务是实现项目的工期或进度目标，主要分为进度的事前控制、事中控制和事后控制。

（二）进度计划的实施与监测

施工进度控制的总目标应进行层层分解，形成实施进度控制、相互制约的目标体系。目标分解可按单项工程分解为阶段目标，按专业或施工阶段分解为阶段目标，按年、季、月计划分解为阶段分目标。

施工进度计划实施监测的方法有：横道计划比较法、网络计划法、实际进度前锋线法等。

施工进度计划监测的内容：

（1）随着项目进展，不断观测每一项工作的实际开始时间、实际完成时间、实际持续时间、目前现状等内容，并加以记录。

（2）定期观测关键工作的进度和关键线路的变化情况，并相应采取措施进行调整。

（3）观测检查非关键工作的进度，以便更好地发掘潜力，调整或优化资源，以保证关键工作按计划实施。

（4）定期检查工作之间的逻辑关系变化情况，以便适时进行调整。

（5）有关项目范围、进度目标、保障措施变更的信息等，加以记录。项目进度计划监测后，应形成书面进度报告。

（三）进度计划的调整

施工进度计划的调整依据进度计划检查结果进行，调整的内容包括施工内容、工程量、起止时间、持续时间、工作关系、资源供应等，调整施工进度计划采用的原理、方法与施工进度计划的优化相同。

调整施工进度计划的步骤如下：分析进度计划检查结果；分析进度偏差的影响并确定调整的对象和目标；选择适当的调整方法，编制调整方案。

对调整方案进行评价和决策、调整，确定调整后付诸实施的新施工进度计划。

第三节 施 工 现 场 管 理

一、施工现场平面布置管理

施工现场平面布置图是在拟建工程的建筑平面上（包括周围环境），布置为施工服务的各种临时建筑、临时设施及材料、施工机械、预制构件等，它反映已有建筑与拟建工程之间、临时建筑与临时设施之间的相互空间关系，布置得恰当与否，执行的好坏，对施工组织、文明施工、施工进度、工程成本、工程质量和安全都将产生直接的影响。根据不同施工阶段（期），施工现场总平面布置图分为基础工程施工总平面图、装配式结构工程施工阶段总平面图、装饰装修阶段施工总平面布置图。

本节将针对装配整体式混凝土结构施工，重点介绍装配式结构施工阶段现场总平图的设计与管理。

（一）施工总平面图的设计内容

（1）装配整体式混凝土结构项目施工用地范围内的地形状况。

（2）全部拟建建（构）筑物和其他基础设施的位置。

（3）项目施工用地范围内的构件堆放区、运输构件车辆装卸点、运输设施。

（4）供电、供水、供热设施与线路、排水排污设施、临时施工道路。

（5）办公用房和生活用房。

（6）施工现场机械设备布置图。

（7）现场常规的建筑材料及周转工具。

（8）现场加工区域。

（9）必备的安全、消防、保卫和环保设施。

（10）相邻的地上、地下既有建（构）筑物及相关环境。

（二）施工总平面图设计原则

（1）平面布置科学合理，减少施工场地占用面积。

（2）合理规划预制构件堆放区域，减少二次搬运，构件堆放区域单独隔离设置，禁止无关人员进入。

（3）施工区域的划分和场地的临时占用应符合总体施工部署施工流程的要求，减少相互干扰。

（4）充分利用既有建（构）筑物和既有设施为项目施工服务，降低临时设施的建造费用。

（5）临时设施应方便生产和生活，办公区、生活区、生产区宜分离设置。

（6）符合节能、环保、安全和消防等要求。

（7）遵守当地主管部门和建设单位关于施工现场安全文明施工的相关规定。

（三）施工总平面图设计要点

1. 设置大门，引入场外道路

施工现场宜考虑设置两个以上大门，大门应考虑周边路网情况、道路转弯半径和坡度限制，大门的高度和宽度应满足大型运输构件车辆通行要求。

2. 布置大型机械设备

塔式起重机布置时，应充分考虑其塔臂覆盖范围、塔式起重机端部吊装能力、单体预制构件的重量、预制构件的运输、堆放和构件装配施工。

3. 布置构件堆场

构件堆场应满足施工流水段的装配要求，且应满足大型运输构件车辆、汽车起重机的通行和装卸要求。为保证现场施工安全，构件堆场应设围挡，防止无关人员进入。

4. 布置运输构件车辆装卸点

为防止因运输车辆长时间停留影响现场内道路的畅通，阻碍现场其他工序的正常作业施工。装卸点应在塔式起重机或者起重设备的塔臂覆盖范围之内，且不宜设置在道路上。

图 5-3 为某工程施工现场装卸点平面布置图。

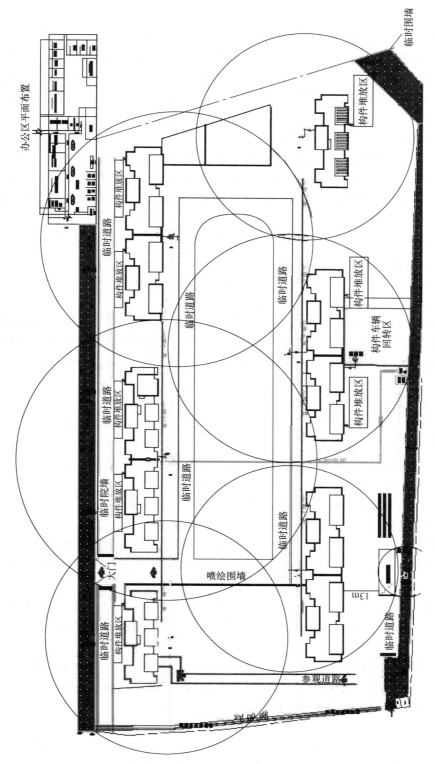

图 5-3　某工程施工现场装卸点平面布置图

　5. 合理布置临时加工场区

　6. 布置内部临时运输道路

　　施工现场道路应按照永久道路和临时道路相结合的原则布置，施工现场内宜形成环形道路，减少道路占用土地，施工现场的主要道路必须进行硬化处理，主干道应有排水措施，临时道路要把仓库、加工厂、构件堆场和施工点贯穿起来，按货运量大小设计双行干道或单行循环道满足运输和消防要求，主干道宽度不小于 6m。构件堆场端头处应有 12m×12m 车场，消防车道不小于 4m，构件运输车辆转弯半径不宜小于 15m。

　7. 布置临时水电管网和其他动力设施

　　临时总变电站应设在高压线进入工地处，尽量避免高压线穿过工地，临时水池、水塔应设在用水中心和地势较高处，管网一般沿道路布置，供电线路应避免与其他管道设在同一侧。

　　施工总平面图按正式绘图规则、比例、规定代号和规定线条绘制，把设计的各类内容均标绘在图上，标明图名、图例、比例、方向标记、必要的文字说明。

　（四）施工平面图现场管理要点

　1. 总体要求

　　文明施工、安全有序、整洁卫生、不扰民、不损害公众利益。

　2. 出入口管理

　　现场大门应设置警卫岗亭，安排警卫人员 24h 值班，查人员出入证、材料、构件运输单、安全管理等。施工现场出入口应标有企业名称或企业标识，主要出入口明显处应设置工程概况牌，大门内应有施工现场总平面图和安全生产、消防保卫、环境保护、文明施工等制度牌。

　3. 规范场容

　　（1）施工平面图设计的科学合理化、物料堆放与机械设备定位标准化，保证施工现场场容规范化。

　　（2）构件堆放区域应设置隔离围挡，防止吊运作业时无关人员进入。

　　（3）在施工现场周边按规范要求设置临时维护设施。

　　（4）现场内沿路设置畅通的排水系统。

　　（5）现场道路主要场地做硬化处理。

　　（6）设专人清扫办公区和生活区，并对施工作业区和临时道路洒水和清扫。

　　（7）建筑物内施工垃圾的清运，必须采用相应容器或管道运输，严禁凌空抛掷。

　4. 环境保护

　　施工对环境造成的影响有：大气污染、室内空气污染、水污染、土壤污染、噪声污染、光污染、垃圾污染等。对此应按有关环境保护的法规和相关规定进行防治。

　5. 卫生防疫管理

　　（1）加强对工地食堂、炊事人员和炊具的管理，食堂必须有卫生许可证，炊事人员必须持身体健康证上岗，确保卫生防疫，杜绝传染病和食物中毒事故的发生。

　　（2）根据需要制定和执行防暑、降温、消毒、防病措施。

二、施工现场构件堆场布置

　　装配整体式混凝土结构施工，构件堆场在施工现场占有较大的面积，合理有序地对预制构件进行分类布置管理，可以减少施工现场的占用，促进构件装配作业，提高工程进度。

构件存放场地宜为混凝土硬化地面或经人工处理的自然地坪，应满足平整度、地基承载力、龙门吊安全行驶坡度的要求，避免发生由于场地原因造成构件开裂损坏、龙门吊的溜滑事故。存放场地应设置在吊车的有效起重范围内，且场地应有排水措施。

（一）构件堆场的布置原则

（1）构件堆场宜环绕或沿所建构筑物纵向布置，其纵向宜与通行道路平行布置，构件布置宜"先用靠外，后用靠里，分类依次并列放置"的原则。

（2）预制构件应按规格型号、出厂日期、使用部位、吊装顺序分类存放，且应标识清晰。

（3）不同类型构件之间应留有不少于0.7m的人行通道，预制构件装卸、吊装工作范围内不应有障碍物，并应有满足预制构件的吊装、运输、作业、周转等工作的场地。

（4）预制混凝土构件与刚性搁置点之间应设置柔性垫片，防止损伤成品构件，为便于后期吊运作业，预埋吊环宜向上，标识向外。

（5）对于易损伤、污染的预制构件，应采取合理的防潮、防雨、防边角损伤措施，构件与构件之间应采用垫木支撑，保证构件之间留有不小于200mm的间隙，垫木应对称合理放置且表面应覆盖塑料薄膜，外墙门框、窗框和带外装饰材料的构件表面宜采用塑料贴膜或者其他防护措施，钢筋连接套管和预埋螺栓孔应采取封堵措施。

（二）混凝土预制构件堆放

1. 预制墙板

预制墙板根据受力特点和构件特点，宜采用专用支架对称插放或靠放存放，支架应有足够的刚度，并支垫稳固，预制墙板宜对称靠放、饰面朝外，且与地面倾斜角不宜小于80°，构件与刚性搁置点之间应设置柔性垫片，防止损伤成品构件，如图5-4所示。

图5-4　预制墙板存放图（一）

图 5-4 预制墙板存放图（二）

2. 预制板类构件

预制板类构件可采用叠放方式存放，其叠放高度应按构件强度、地面耐压力、垫木强度以及垛堆的稳定而确定，构件层与层之间应垫平、垫实，各层支垫应上下对齐，最下面一层支垫应通长设置，楼板、阳台板预制构件储存宜平放，采用专用存放架支撑，叠放储存不宜超过 6 层，如图 5-5 所示，预应力混凝土叠合板的预制带肋底板应采用板肋朝上叠放的堆放方式，严禁倒置，各层预制带肋底板下部应设置垫木，垫木应上下对齐，不得脱空，堆放层数不应大于 7 层，并应有稳固措施，吊环向上，标识向外。

图 5-5 预制板类构件存放图

3. 梁、柱构件

梁、柱等构件宜水平堆放，预埋吊装孔的表面朝上，且采用不少于两条垫木支撑，构件底层支垫高度不低于 100mm，且应采取有效的防护措施，如图 5-6 所示。

图 5-6 梁、柱构件图

第四节　劳动力管理

一、劳动力管理概念

施工项目劳动力管理是项目经理部把参加施工项目生产活动的人员作为生产要素，对其所进行的劳动、劳动计划、组织、控制、协调、教育、激励等项工作的总称。其核心是按照施工项目的特点和目标要求，合理地组织、使用和管理劳动力，并按项目进度的需要适时调整劳动量、劳动力组织及劳动协作关系，不断培养提高劳动者素质，激发劳动者的积极性与创造性，提高劳动生产率，达到以最小的劳动消耗，全面完成工程合同，获取更大的效益。

二、构件进场验收专职人员管理

施工现场应设置构件进场验收专职人员负责对进场构件进行检查验收工作，并告知监理单位共同对其进行进场验收，对于构件外观质量有严重缺陷验收不合格的构件应要求供货单位退货重新进行补发，并建立好构件进场验收记录，做好构件进场验收的管理工作。

三、构件堆放专职人员管理

施工现场应设置构件堆放专职人员负责对进场验收合格的构件安排堆放、储运管理工作，构件堆放专职人员应建立现场构件堆放台账，进行构件收、发、储、运等环节的管理，对预制构件进行分类有序堆放，同类预制构件优先按照吊装顺序进行堆放，提高装配过程的效率，构件堆放专职人员应随时检查堆放构件的支撑安全，存在安全隐患的及时整改，确保预制构件堆放安全。

为保障装配式建筑施工工作的顺利开展，确保构件使用及安装的准确性和安装效率，防止构件装配出现多次倒运、编号不清等问题，不宜随意更换构件堆放专职人员。

四、吊装作业劳动力管理

装配整体式混凝土结构在构件装配施工过程中，需要进行大量的吊装作业，吊装作业的效率将直接影响工程施工的进度，吊装作业的安全将直接影响到施工现场的安全文明管理。吊装作业班组一般由班组长、吊装工、测量放线工、司索工等组成，如图 5-7 所示。

班组长应根据施工组织设计的吊装流程合理安排好作业人员的分工，使装配施工更安全、合理、高效，做到安全文明施工。

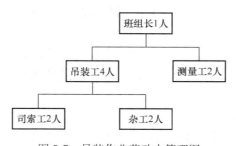

图 5-7　吊装作业劳动力管理图

五、灌浆作业劳动力管理

灌浆作业施工由若干班组组成，每组应不少于两人，一人负责注浆作业，一人负责调浆及灌浆溢流孔封堵工作。

六、外墙接缝密封作业劳动力管理

外墙接缝密封作业施工由若干班组组成，每组应不少于两人，负责缝隙的基层处理、填塞材料填充、密封材料密封处理工作。

七、劳动力技能培训

（1）进场验收专职人员应具备岗位需要的基础知识和验收能力，对工程的装配式设计要求应熟知，掌握验收规范的进场验收条款内容，对进场构件的验收应认真负责，并严格执行验收制度，杜绝不合格构件使用到工程中。

（2）构件堆放专职人员应具备统计、分类规划能力，对所有进场构件进行合理的安排调配，堆放区应有明确的标示和外围护，构件装卸过程严禁无关人员进入，合理安排管理好构件的存放和安全。

（3）安装作业人员必须具有专业的施工能力并接受专业的装配式工程安装培训，吊装工序施工作业前，应对工人进行构件安装专项技术交底，并按交底内容中的吊装顺序对人员进行合理的调配分工，确保构件安装质量一次到位。吊装作业时应严格管理好作业区域的人员安全问题，作业区域不相关的人员禁止进入，作业人员必须佩戴安全帽等安全措施，保证吊装作业安全施工。

（4）灌浆作业施工前，应对工人进行专门的灌浆作业技能培训，模拟现场灌浆施工作业流程，对于灌浆料的调配和灌浆质量应严格按照设计要求控制，模拟灌浆操作达到要求时再进行实体灌浆，提高注浆工人的质量意识和业务技能，确保构件灌浆作业的施工质量。

（5）外墙板外接缝的密封处理作业人员，应根据设计要求安排专业的施工队伍进行施工，作业工人必须接受专业的操作培训，熟练掌握操作技能并做样板验收合格达标后，方可进行接缝处理施工。

第五节　成　本　管　理

一、成本管理概念

建筑工程项目成本管理，就是在完成一个工程项目过程中，对所发生的成本费用支出，有组织、有系统地进行预测、计划、控制、核算、考核、分析等进行科学管理的工作，它是以降低成本为宗旨的一项综合性管理工作。

工程成本管理是一项系统工程，贯穿于企业整个经营过程，是衡量企业生产耗费和供给的尺度，是决定价格的基础，加强工程成本管理是降低成本、提高企业经济效益的基本途径，是企业经营管理的重要手段。

二、工程成本构成

根据我国现成的建设工程计价规范，建筑安装工程费由人工费、材料费、施工机具使用费、企业管理费、利润、规费和税金组成。工程成本是指承包人为实施合同工程并达到质量标准，在确保安全施工的前提下，必须消耗或使用的人工、材料、工程设备、施工机械台班及其管理等方面发生的费用和按规定缴纳的规费和税金。

1. 传统现浇结构建造方式建筑的成本构成

传统建设方法的土建造价构成主要由直接费（含材料费、人工费、机械费、措施费）、间接费（主要为管理费）、利润、规费和税金组成。其中直接费为施工企业主要支出的费用，是构成造价的主要部分，也是预算取费的计算基础，直接费的变化对造价高低起主要作用，而其中，材料费比重最大；间接费和利润根据企业自身情况可弹性变化；规费和税金是非竞争性取费，费率标准不能自由浮动。

因此，在建设标准一定的情况下，传统建筑施工方法的材料、人工、机械消耗量可挖潜力不大，要降低造价，只有措施费和间接费可以调整，由于成本、质量、工期三大因素相互制约，降低成本必将影响到质量和工期目标的实现。

2. 装配式结构建造方式的基本构成

装配式结构的土建造价构成主要由直接费（以预制构件为主的材料费、运输费、人工费、机械费、安装费、措施费）、间接费、利润、规费和税金组成。与传统方式一样，间接费和利润由施工企业掌控，规费和税金是固定费率，直接费中构件费用、运输费、安装费的比重最大，它们指标的高低对工程造价起决定性作用。

3. 装配式施工模式与现浇施工模式在直接费构成上存在一定差别，主要包括以下几个方面：

（1）预制构件费用

预制构件费用主要包括材料费、生产费（人工和水电消耗）、模具费、工厂摊销费、预制构件厂利润、税金（指预制工厂按税法所需缴纳的税金，而非建筑安装税金）等，在直接费中占比最大。

（2）运输费

运输费主要包括预制构件从工厂运输至工地的运费和施工场地费内的二次搬运费。

（3）安装费

安装费主要包括预制构件垂直运输费、安装人工费、专用工具摊销等费用（含部分现场现浇施工的材料、人工、机械费用）。

（4）措施费

措施费主要包括临时堆场、脚手架、模板、临时支撑及防护等费用。

从以上两种不同建造方式的成本构成可以看出，由于生产方式的不同，直接费的构成内容有很大的差异，两种方式直接费的高低直接影响了造价成本的高低。

三、成本控制措施

（一）前期策划

根据建筑物不同的用途，应正确选择相应的结构类型，根据不同的建筑物结构类型，应通过前期必要的调研，加之对相应政策的正确理解，从而控制成本的增加。

首先，项目建设的前期策划阶段就要对是否采用装配式结构进行考量及可行性论证，若能对开发地块的建筑进行整合，将建筑功能的通用化、模块化、标准化进行集合，发挥规模化效应将是实现装配式结构成本控制最重要的措施；其次是对地块能够进行装配式结构的可行性论证，只有顺其自然，条件成熟，成本控制才有可能，可考察建设地块周边社会配套、市政配套等情况，装配式建筑周边工业化程度越高，成本控制越容易实现；最后从装配式建筑本身进行分析，选择合适的装配式结构，抓住建设成本的重点，结合企业自身的资源、管理和技术优势，进行装配式结构成本控制策划。

（二）优化设计

（1）由于设计对最终的造价起决定作用，因此项目在策划和方案设计阶段时，就应系统地考虑到建筑方案对深化设计、构件生产、运输、安装施工环节的影响，合理确定方案。

（2）对需要预制的部分，应选择易生产、好安装的结构构造形式，根据对建筑构件的合理拆分，实行构件模块的标准化，以尽可能采用构件的统一模块化来减少相应构件的模块数量，利用标准化的模块灵活地进行组合，以满足标准化、模块化的建筑要求，同时合理设计预制构件与现浇连接之间的构造形式，以不断地优化来降低其连接处的施工难度。

（3）提高预制率和相同构件的重复率，在两种工法并存的情况下，预制率越低，施工成本则越高，因此必须提高预制率，发挥重型吊车的使用效率，尽量避免水平构件现浇，减少满堂模板和脚手架的使用，外墙保温装饰一体化可节约成本并减少外脚手架费用，提高构件重复率可以减少模具种类提高周转次数，降低成本。

（4）重视对构件装配图综合各专业的全面审核，只有对装配样品在有各专业参加的以及进行综合审查的现场装配后，进行必需的辨析、归纳、协调和修改，真正做到万无一失，才能进行批量生产。

（5）采用 BIM 系统等科学手段完善安装预埋图纸，确保建筑图和施工图的统一和完善，真正地做到构件在装配时空间统一。

设计是成本控制的关键要素，设计的正确性和准确性是成本控制基本条件，设计必须在图纸上将技术问题全部思考清楚，并有详细的、恰当的应对措施，坚决不能将图纸上的问题交给现场解决。

设计的先进性和科学性是成本控制的翅膀。运用现代计算机技术为装配式建筑打开了想象空间，也提供了各种可能，设计将建筑拆分为单元、模块、构件、部件、分析其间的关联和作用，又将其总装成为建筑，从宏观到微观、又从微观到宏观的过程，对建筑认识的很透彻，分析也到位，从而全面地、精细地掌控项目建设。因此，设计必须与施工有机结合，设计信息必须全过程传递。

第六节　绿色施工管理

一、绿色施工概述

绿色施工简介

绿色施工是指工程建设中，在保证质量、安全等基本要求的前提下，通过科学管理和技术进步，最大限度地节约资源与减少对环境负面影响的施工活动，实现"四节一环保"（节能、节地、节水、节材和环境保护），如图 5-8 所示。

绿色施工对工程而言，并不是很新的思维，降低施工噪声、减少施工扰民、减少材料的损耗等在大多数施工现场都会被谈起，关键要有合理的措施加以控制。而可持续发展思想在工程施工中应用的重点在于将"绿色方式"作为一个整体运用到工程施工中去，实施绿色施工，以便在施工过程中尽可能减小对环境、资源的影响，这又是它的一种深层次的含义。

绿色施工是可持续发展思想在工程施工中的主要体现，是绿色施工技术的综合应用。

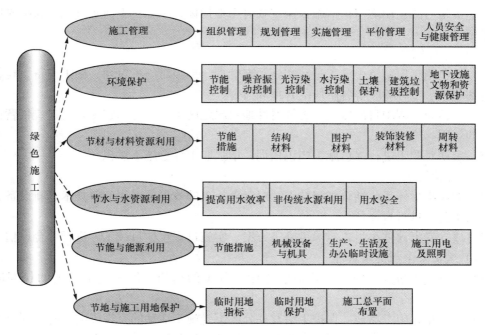

图 5-8　绿色施工总体框架

绿色施工并不仅仅是指在工程施工中实施封闭施工，没有尘土飞扬，没有噪声扰民，在工地四周栽花、种草，实施定时洒水等这些内容，还包括了其他大量的内容，涉及可持续发展的各个方面，如生态与环境保护、资源与能源的利用、社会经济的发展等，因此应根据绿色施工总体框架图制定出相应的原则措施予以保障。

二、绿色施工内容

绿色施工管理主要包括组织管理、规划管理、实施管理、评价管理和人员安全与健康管理五个方面。

（一）组织管理

（1）建立绿色施工管理体系，并制定相应的管理制度与目标。

（2）项目经理为绿色施工第一责任人，负责绿色施工的组织实施及目标实现，并指定绿色施工管理人员和监督人员。

（二）规划管理

1. 编制绿色施工方案

该方案应在施工组织设计中独立成章，并按有关规定进行审批。

2. 绿色施工方案应包括以下内容：

（1）环境保护措施，制定环境管理计划及应急救援预案，采取有效措施，降低环境负荷，保护地下设施和文物等资源。

（2）节材措施，在保证工程安全与质量的前提下，制定节材措施，如进行施工方案的节材优化，建筑垃圾减量化，尽量利用可循环材料等。

（3）节水措施，根据工程所在地的水资源状况，制定节水措施。

（4）节能措施，进行施工节能策划，确定目标，制定节能措施。

（5）节地与施工用地保护措施，制定临时用地指标、施工总平面布置规划及临时用地节地措施等。

（三）实施管理

（1）绿色施工应对整个施工过程实施动态管理，加强对施工策划、施工准备、材料采购、现场施工、工程验收等各阶段的管理和监督。

（2）应结合工程项目的特点，有针对性地对绿色施工作相应的宣传，通过宣传营造绿色施工的氛围。

（3）定期对职工进行绿色施工知识培训，增强职工绿色施工意识。

（四）评价管理

（1）对照指标体系，结合工程特点，对绿色施工的效果及采用的新技术、新设备、新材料与新工艺，进行自评估。

（2）成立专家评估小组，对绿色施工方案、实施过程至项目竣工，进行综合评估。

（五）人员安全与健康管理

（1）制订施工防尘、防毒、防辐射等职业危害的措施，保障施工人员的长期职业健康。

（2）合理布置施工场地，保护生活及办公区不受施工活动的有害影响。施工现场建立卫生急救、保健防疫制度，在安全事故和疾病疫情出现时提供及时救助。

（3）提供卫生、健康的工作与生活环境，加强对施工人员的住宿、膳食、饮用水等生活与环境卫生等管理，明显改善施工人员的生活条件。

三、绿色施工技术要点

（一）环境保护技术要点

1. 扬尘控制

（1）运送土方、垃圾、设备及建筑材料等，不污损场外道路。运输容易散落、飞扬、流漏的物料的车辆，必须采取措施封闭严密，保证车辆清洁，施工现场出口应设置洗车槽。

（2）土方作业阶段，采取洒水、覆盖等措施，达到作业区目测扬尘高度小于1.5m，不扩散到场区外。

（3）施工现场非作业区达到目测无扬尘的要求，对现场易飞扬物质采取有效措施，如洒水、地面硬化、围挡、密网覆盖、封闭等，防止扬尘产生。

（4）构筑物机械拆除前，做好扬尘控制计划，可采取清理积尘、拆除体洒水、设置隔挡等措施。

（5）构筑物爆破拆除前，做好扬尘控制计划，可采用清理积尘、淋湿地面、预湿墙体、屋面敷水袋、楼面蓄水、建筑外设高压喷雾状水系统、搭设防尘排栅和直升机投水弹等综合降尘。选择风力小的天气进行爆破作业。

（6）在场界四周隔挡高度位置测得的大气总悬浮颗粒物（TSP）月平均浓度与城市背景值的差值不大于 $0.08mg/m^3$。

2. 噪声与振动控制

（1）现场噪声排放不得超过现行国家标准《建筑施工场界环境噪声排放标准》GB 12523 的规定。

（2）在施工场界对噪声进行实时监测与控制，监测方法执行现行国家标准《建筑施工场界环境噪声排放标准》GB 12523。

（3）使用低噪声、低振动的机具，采取隔声与隔振措施，避免或减少施工噪声和振动。

3. 光污染控制

（1）尽量避免或减少施工过程中的光污染，夜间室外照明灯加设灯罩，透光方向集中在施工范围。

（2）电焊作业采取遮挡措施，避免电焊弧光外泄。

4. 水污染控制

（1）施工现场污水排放应达到国家标准《污水综合排放标准》DB12/356 的要求。

（2）在施工现场应针对不同的污水，设置相应的处理设施，如沉淀池、隔油池、化粪池等。

（3）污水排放应委托有资质的单位进行废水水质检测，提供相应的污水检测报告。

（4）保护地下水环境，采用隔水性能好的边坡支护技术，在缺水地区或地下水位持续下降的地区，基坑降水尽可能少地抽取地下水，当基坑开挖抽水量大于 50 万 m³ 时，应进行地下水回灌，并避免地下水被污染。

（5）对于化学品等有毒材料、油料的储存地，应有严格的隔水层设计，做好渗漏液收集和处理。

5. 土壤保护

（1）保护地表环境，防止土壤侵蚀、流失。因施工造成的裸土，及时覆盖砂石或种植速生草种，以减少土壤侵蚀；因施工造成容易发生地表径流土壤流失的情况，应采取设置地表排水系统、稳定斜坡、植被覆盖等措施，减少土壤流失。

（2）沉淀池、隔油池、化粪池等不发生堵塞、渗漏、溢出等现象，及时清掏各类池内沉淀物，并委托有资质的单位清运。

（3）对于有毒有害废弃物如电池、墨盒、油漆、涂料等应回收后交有资质的单位处理，不能作为建筑垃圾外运，避免污染土壤和地下水。

（4）施工后应恢复施工活动破坏的植被（一般指临时占地内），与当地园林、环保部门或当地植物研究机构进行合作，在先前开发地区种植当地或其他合适的植物，以恢复剩余空地地貌或科学绿化，补救施工活动中人为破坏植被和地貌造成的土壤侵蚀。

6. 建筑垃圾控制

（1）制定建筑垃圾减量化计划，如住宅建筑，每万平方米的建筑垃圾不宜超过 400t。

（2）加强建筑垃圾的回收再利用，力争建筑垃圾的再利用和回收率达到 30%，建筑物拆除产生的废弃物的再利用和回收率大于 40%，对于碎石类、土石方类建筑垃圾，可采用地基填埋、铺路等方式提高再利用率，力争再利用率大于 50%。

（3）施工现场生活区设置封闭式垃圾容器，施工场地生活垃圾实行袋装化，及时清运，对建筑垃圾进行分类，并收集到现场封闭式垃圾站，集中运出。

7. 地下设施、文物和资源保护

（1）施工前应调查清楚地下各种设施，做好保护计划，保证施工场地周边的各类管道、管线、建筑物、构筑物的安全运行。

（2）施工过程中一旦发现文物，立即停止施工，保护现场并通报文物部门并协助做好工作。

（3）避让、保护施工场区及周边的古树名木。

（4）逐步开展统计分析施工项目的 CO_2 排放量，以及各种不同植被和树种的 CO_2 固定量的工作。

（二）节材与材料资源利用技术要点

1. 节材措施

（1）图纸会审时，应审核节材与材料资源利用的相关内容，达到材料损耗率比定额损耗率降低 30%。

（2）根据施工进度、库存情况等合理安排材料的采购、进场时间和批次，减少库存。

（3）现场材料堆放有序，储存环境适宜，措施得当，保管制度健全，责任落实。

（4）材料运输工具适宜，装卸方法得当，防止损坏和遗洒，根据现场平面布置情况就近卸载，避免和减少二次搬运。

（5）采取技术和管理措施提高模板、脚手架等的周转次数。

（6）优化安装工程的预留、预埋、管线路径等方案。

（7）应就地取材，施工现场 500km 以内生产的建筑材料用量占建筑材料总重量的 70% 以上。

2. 结构材料

（1）推广使用预拌混凝土和商品砂浆，准确计算采购数量、供应频率、施工速度等，在施工过程中动态控制，结构工程使用散装水泥。

（2）推广使用高强钢筋和高性能混凝土，减少资源消耗。

（3）推广钢筋专业化加工和配送。

（4）优化钢筋配料和钢构件下料方案，钢筋及钢结构制作前应对下料单及样品进行复核，无误后方可批量下料。

（5）优化钢结构制作和安装方法，大型钢结构宜采用工厂制作，现场拼装，宜采用分段吊装、整体提升、滑移、顶升等安装方法，减少方案的措施用材量。

（6）采取数字化技术，对大体积混凝土、大跨度结构等专项施工方案进行优化。

3. 围护材料

（1）门窗、屋面、外墙等围护结构选用耐候性及耐久性良好的材料，施工确保密封性、防水性和保温隔热性。

（2）门窗采用密封性、保温隔热性能、隔声性能良好的型材和玻璃等材料。

（3）屋面材料、外墙材料具有良好的防水性能和保温隔热性能。

（4）当屋面或墙体等部位采用基层加设保温隔热系统的方式施工时，应选择高效节能、耐久性好的保温隔热材料，以减小保温隔热层的厚度及材料用量。

（5）屋面或墙体等部位的保温隔热系统采用专用的配套材料，以加强各层次之间的粘结或连接强度，确保系统的安全性和耐久性。

（6）根据建筑物的实际特点，优选屋面或外墙的保温隔热材料系统和施工方式，例如保温板粘贴、保温板干挂、聚氨酯硬泡喷涂、保温浆料涂抹等，以保证保温隔热效果，并减少材料浪费。

（7）加强保温隔热系统与围护结构的节点处理，尽量降低热桥效应，针对建筑物的不同部位保温隔热特点，选用不同的保温隔热材料及系统，以做到经济适用。

4. 装饰装修材料

（1）贴面类材料在施工前，应进行总体排版策划，减少非整块材的数量。

（2）采用非木质的新材料或人造板材代替木质板材。

（3）防水卷材、壁纸、油漆及各类涂料基层必须符合要求，避免起皮、脱落。各类油漆及粘结剂应随用随开启，不用时及时封闭。

（4）幕墙及各类预留预埋应与结构施工同步。

（5）木制品及木装饰用料、玻璃等各类板材等宜在工厂采购或定制。

（6）采用自粘类片材，减少现场液态胶粘剂的使用量。

5. 周转材料

（1）应选用耐用、维护与拆卸方便的周转材料和机具。

（2）优先选用制作、安装、拆除一体化的专业队伍进行模板工程施工。

（3）模板应以节约自然资源为原则，推广使用定型钢模、钢框竹模、竹胶板。

（4）施工前应对模板工程的方案进行优化，多层、高层建筑使用可重复利用的模板体系，模板支撑宜采用工具式支撑。

（5）优化高层建筑的外脚手架方案，采用整体提升、分段悬挑等方案。

（6）推广采用外墙保温板替代混凝土施工模板的技术。

（7）现场办公和生活用房采用周转式活动房，现场围挡应最大限度地利用已有围墙，或采用装配式可重复使用围挡封闭，力争工地临房、临时围挡材料的可重复使用率达到 70%。

（三）节水与水资源利用的技术要点

1. 提高用水效率

（1）施工中采用先进的节水施工工艺。

（2）施工现场喷洒路面、绿化浇灌不宜使用市政自来水，现场搅拌用水、养护用水应采取有效的节水措施，严禁无措施浇水养护混凝土。

（3）施工现场供水管网应根据用水量设计布置，管径合理、管路简捷，采取有效措施减少管网和用水器具的漏损。

（4）现场机具、设备、车辆冲洗用水必须设立循环用水装置，施工现场办公区、生活区的生活用水采用节水系统和节水器具，提高节水器具配置比率，项目临时用水应使用节水型产品，安装计量装置，采取针对性的节水措施。

（5）施工现场建立可再利用水的收集处理系统，使水资源得到梯级循环利用。

（6）施工现场分别对生活用水与工程用水确定用水定额指标，并分别计量管理。

（7）大型工程的不同单项工程、不同标段、不同分包生活区，凡具备条件的应分别计量用水量，在签订不同标段分包或劳务合同时，将节水定额指标纳入合同条款，进行计量考核。

（8）对混凝土搅拌站点等用水集中的区域和工艺点进行专项计量考核，施工现场建立雨水、中水或可再利用水的搜集利用系统。

2. 非传统水源利用

（1）优先采用中水搅拌、中水养护，有条件的地区和工程应收集雨水养护。

（2）处于基坑降水阶段的工地，宜优先采用地下水作为混凝土搅拌用水、养护用水、冲洗用水和部分生活用水。

（3）现场机具、设备、车辆冲洗、喷洒路面、绿化浇灌等用水，优先采用非传统水源，尽量不使用市政自来水。

（4）大型施工现场，尤其是雨量充沛地区的大型施工现场建立雨水收集利用系统，充分收集自然降水用于施工和生活中适宜的部位。

（5）力争施工中非传统水源和循环水的再利用量大于30%。

3. 用水安全

在非传统水源和现场循环再利用水的使用过程中，应制定有效的水质检测与卫生保障措施，确保避免对人体健康、工程质量以及周围环境产生不良影响。

（四）节能与能源利用的技术要点

1. 节能措施

（1）制订合理施工能耗指标，提高施工能源利用率。

（2）优先使用国家、行业推荐的节能、高效、环保的施工设备和机具，如选用变频技术的节能施工设备等。

（3）施工现场分别设定生产、生活、办公和施工设备的用电控制指标，定期进行计量、核算、对比分析，并有预防与纠正措施。

（4）在施工组织设计中，合理安排施工顺序、工作面，以减少作业区域的机具数量，相邻作业区充分利用共有的机具资源。安排施工工艺时，应优先考虑耗用电能的或其他能耗较少的施工工艺，避免设备额定功率远大于使用功率或超负荷使用设备的现象。

（5）根据当地气候和自然资源条件，充分利用太阳能、地热等可再生能源。

2. 机械设备与机具

（1）建立施工机械设备管理制度，开展用电、用油计量，完善设备档案，及时做好维修保养工作，使机械设备保持低耗、高效的状态。

（2）选择功率与负载相匹配的施工机械设备，避免大功率施工机械设备低负载长时间运行。机电安装可采用节电型机械设备，如逆变式电焊机和能耗低、效率高的手持电动工具等，以利节电。机械设备宜使用节能型油料添加剂，在可能的情况下，考虑回收利用，节约油量。

（3）合理安排工序，提高各种机械的使用率和满载率，降低各种设备的单位耗能。

3. 生产、生活及办公临时设施

（1）利用场地自然条件，合理设计生产、生活及办公临时设施的体形、朝向、间距和窗墙面积比，使其获得良好的日照、通风和采光，南方地区可根据需要在其外墙窗设遮阳设施。

（2）临时设施宜采用节能材料，墙体、屋面使用隔热性能好的材料，减少夏天空调、冬天取暖设备的使用时间及耗能量。

（3）合理配置采暖、空调、风扇数量，规定使用时间，实行分段分时使用，节约用电。

4. 施工用电及照明

（1）临时用电优先选用节能电线和节能灯具，临电线路合理设计、布置，临电设备宜采用自动控制装置，采用声控、光控等节能照明灯具。

（2）照明设计以满足最低照度为原则，照度不应超过最低照度的 20％。

（五）节地与施工用地保护的技术要点

1. 临时用地指标

（1）根据施工规模及现场条件等因素合理确定临时设施，如临时加工厂、现场作业棚及材料堆场、办公生活设施等的占地指标，临时设施的占地面积应按用地指标所需的最低面积设计。

（2）要求平面布置合理、紧凑，在满足环境、职业健康与安全及文明施工要求的前提下尽可能减少废弃地和死角，临时设施占地面积有效利用率大于 90％。

2. 临时用地保护

（1）应对深基坑施工方案进行优化，减少土方开挖和回填量，最大限度地减少对土地的扰动，保护周边自然生态环境。

（2）红线外临时占地应尽量使用荒地、废地，少占用农田和耕地，工程完工后，及时对红线外占地恢复原地形、地貌，使施工活动对周边环境的影响降至最低。

（3）利用和保护施工用地范围内原有绿色植被，对于施工周期较长的现场，可按建筑永久绿化的要求，安排场地新建绿化。

3. 施工总平面布置

（1）施工总平面布置应做到科学、合理，充分利用原有建筑物、构筑物、道路、管线为施工服务。

（2）施工现场搅拌站、仓库、加工厂、作业棚、材料堆场等布置应尽量靠近已有交通线路或即将修建的正式或临时交通线路，缩短运输距离。

（3）临时办公和生活用房应采用经济、美观、占地面积小、对周边地貌环境影响较小，且适合于施工平面布置动态调整的多层轻钢活动板房、钢骨架水泥活动板房等标准化装配式结构。生活区与生产区应分开布置，并设置标准的分隔设施。

（4）施工现场围墙可采用连续封闭的轻钢结构预制装配式活动围挡，减少建筑垃圾，保护土地。

（5）施工现场道路按照永久道路和临时道路相结合的原则布置。施工现场内形成环形通路，减少道路占用土地。

（6）临时设施布置应注意远近结合（本期工程与下期工程），努力减少和避免大量临时建筑拆迁和场地搬迁。

第六章 安全生产管理

第一节 安全生产管理概述

安全生产是实现建设工程质量、进度与造价三大控制目标的重要保障，近年，尤其是建筑工业化水平的提高和装配整体式混凝土结构的大力推进，为传统的建筑施工安全生产管理提出新的要求。

一、装配整体式混凝土结构施工安全生产管理基本要求

装配整体式混凝土结构施工安全生产管理，必须遵守国家、部门和地方的相关法律、法规和规章以及相关规范、规程中有关安全生产的具体要求，对施工安全生产进行科学的管理，并推行绿色施工，预防生产安全事故的发生，保障施工人员的安全和健康，提高施工管理水平，实现安全生产管理工作的标准化。

二、安全生产责任制

安全生产责任制是安全管理的核心，尤其是装配整体式混凝土结构的安全操作规程和安全知识的培训和再教育更有必要，同产业化密切相关的制度应重点强调。

（一）制定各工种安全操作规程

工种安全操作规程可消除和控制劳动过程中的不安全行为，预防伤亡事故，确保作业人员的安全和健康，是企业安全管理的重要制度之一。

安全操作规程的内容应根据国家和行业安全生产法律、法规、标准、规范，结合施工现场的实际情况来制定，同时根据现场使用的新工艺、新设备、新技术，制定出相应的安全操作规程，并监督其实施。

（二）制定施工现场安全管理规定

施工现场安全管理规定是施工现场安全管理制度的基础，目的是规范施工现场安全防护设施的标准化、定型化。

施工现场安全管理的内容包括：施工现场一般安全规定、构件堆放场地安全管理、脚手架工程安全管理、支撑架及防护架安全使用管理、电梯井操作平台安全管理、马道搭设安全管理、水平安全网支搭拆除安全管理、孔洞临边防护安全管理、拆除工程安全管理、防护棚支搭安全管理等。

（三）制定机械设备安全管理制度

机械设备是指目前建筑施工普遍使用的垂直运输和加工机具，由于机械设备本身存在一定的危险性，如果管理不当可能造成机毁人亡，塔式起重机和汽车式起重机是装配式混凝土结构施工中安全使用管理的重点。

机械设备安全管理制度应规定：大型设备应到上级有关部门备案，遵守国家和行业有关规定，还应设专人负责定期进行安全检查、保养制度，保证机械设备处于良好的状态，以及各种机械设备的安全管理制度。

（四）制定施工现场临时用电安全管理制度

施工现场临时用电是目前建筑施工现场使用广泛，危险性比较大的项目，它牵扯到每个劳动者的安全，也是施工现场一项重点的安全管理项目。

施工现场临时用电管理制度的内容应包括外电的防护、地下电缆的保护、设备的接地与接零保护、配电箱的设置及安全管理规定（总箱、分箱、开关箱）、现场照明、配电线路、电器装置、变配电装置、用电档案的管理等。

第二节　构件运输安全生产管理

一、运输车辆主要技术参数：

运输车辆外形如图 6-1 所示，主要技术参数见表 6-1。

图 6-1　构件运输车辆

主要技术参数

表 6-1

型号		
质量参数	装载质量（kg）	31000
	整备质量（kg）	9000
	最大总质量（kg）	40000
尺寸参数	总长（mm）	12980
	总宽（mm）	2490
	总高（mm）	3200
	前回转半径（mm）	1350
	后间隙半径（mm）	2300
	牵引销固定板离地高度（mm）	1240
	轴距（mm）	8440＋1310＋1310
	轮距（mm）	2100
	承载面离地高度（mm）	860（满载）
	最小转弯半径（mm）	12400
	可装运预制板高度（mm）（整车高 4000mm）	3140

二、预制件装载

将车辆停于平整硬化地面上，检查车辆使车辆处于驻车制动状态，用钥匙将液压单元开关打开，半挂车卸预制板前，操作液压压紧装置控制按钮盒中对应控制按键，将压紧装置全部松开收起，打开固定支架后门，如图 6-2、图 6-3、图 6-4 所示。采用行吊或随车吊等吊装工具，将吊装工具与预制件连接牢靠，将预制件直立吊起，起升高度要严格控制，预制件底端距车架承载面或地面小于 100mm，吊装行走时立面在前，操作人员站于预制件后端，两侧面与前面禁止站人。为防止预制件磕碰损伤，轻轻地将预制件置于地面专用固定装置内，并固定牢靠，进行下一次操作，完毕后将后门关闭，将液压单元开关关闭，并将钥匙取下。卸载鹅颈上方预制件时，在确保箱内货物固定牢靠的情况下打开栏板，打开栏板时人员不得站立于栏板正面，防止被滚落物体砸伤，卸载完成后将栏板关闭并锁止可靠。

图 6-2　控制按钮盒

图 6-3　将压紧装置全部松开收起

图 6-4　打开后门

预制件装载时应注意以下事项：

（1）尽可能在坚硬平坦道路上装载。

（2）装载位置尽量靠近半挂车中心放置，左右两边余留空隙基本一致。

（3）在确保渡板后端无人的情况下，放下和收起渡板。

（4）吊装工具与预制件连接必须牢靠，较大预制件必须直立吊起和存放。

（5）预制件起升高度要严格控制，预制件底端距车架承载面或地面小于 100mm。

（6）吊装行走时立面在前，操作人员站于预制件后端，两侧与前面禁止站人。

三、预制构件运输

由于城市高架、桥梁、隧道的限制，加之预制构件尺寸不一、体形高大异型、重心不一，在吊装运输开始之前，要做好充分准备工作，设计切实可行的吊装运输方案。

（一）大型构件在实际运输之前应踏勘运输路线，确认运输道路的承载力（含桥梁和地下设施）、宽度、转弯半径和穿越桥梁、隧道的净空与架空线路的净高满足运输要求，确认运输机械与电力架空线路的最小距离必须符合要求，路线选择应该尽量避开桥涵和闹市区，应该设计备选方案。确定了运输路线后，根据构件运输超高、超宽、超长情况，及时向交通管理部门申报，经批准后，方可在指定路线和指定时间段行驶。

（二）根据大型构件特点选用预制构件专用运输车或对常规运输车进行改装，降低车辆装载重心高度并设置车辆运输稳定专用固定支架，如图6-5、图6-6所示。

图6-5　普通挂车载专用墙板运输架

图6-6　国外构件专用运输车

（三）保证运输安全的措施

（1）驾驶员在构件运输过程中一定要匀速行驶，严禁超速、猛拐和急刹车，构件运输车应按交通管理部门的要求悬挂安全标志，超高的部件应有专人照看，并配备适当器具，保证在有障碍物情况下安全通过。

（2）预制叠合板、预制阳台和预制楼梯宜平放运输；预制外墙板宜采用专用支架竖直靠放方式运输；运输薄壁构件，应设专用固定架，采用竖立或微倾放置方式。为确保构件表面或装饰面不被损伤，放置时插筋向内、装饰面向外，与地面倾斜角度宜大于80°，以防倾覆；为防止运输过程中，车辆颠簸对构件造成损伤，构件与刚性支架应加设橡胶垫等柔性材料，且应采取防止构件移动、倾倒、变形的固定措施。

（3）构件运输时的支承点应与吊点位置在同一竖直线上，支承必须牢固；运输T形梁、工字梁、桁架梁等易倾覆的大型构件，必须用斜撑牢固地支撑在梁腹上；构件装车后应用紧线器紧固于车体上，长距离运输途中应检查紧线器的牢固状况，发现松动必须停车紧固，确认牢固后方可继续运行；搬运托架、车厢板和预制混凝土构件间应放入柔性材料，构件应用钢丝绳或夹具与托架绑扎，构件边角与锁链接触部位的混凝土应采用柔性垫衬材料保护。

四、预制件卸落

建筑产业化施工过程中，在工厂预先制作的混凝土构件，根据运输与堆放方案，提前做好堆放场地、固定要求、堆放支垫及成品保护措施。对于大型构件的装卸应有专门的质量安全保证措施，所以有必要掌握构件卸落的操作安全要点。

（一）卸车准备

构件卸车前，应预先布置好临时码放场地，构件临时码放场地需要合理布置在吊装机械可覆盖范围内，避免二次吊装。管理人员分派装卸任务时，要向工人交代构件的名称、大小、形状、质量、使用吊具及安全注意事项，安全员应根据装卸作业特点对操作人员进行安全教育，装卸作业开始前，需要检查装卸地点和道路，清除障碍。

（二）卸车

装卸作业时，应按照规定的装卸顺序进行，确保车辆平衡，避免由于卸车顺序不合理导致车辆倾覆，应采取保证车体平衡的措施。装卸过程中，构件移动时，操作人员要站在构件的侧面或后面，以防物体倾倒，参与装卸的操作人员要佩戴必要安全劳保用品。装卸时，汽车未停稳，不得抢上抢下。开关汽车栏板时，应确保附近无其他人员，且必须两人同时进行。汽车未进入装卸地点时，不得打开汽车栏板，并在打开汽车栏板后，严禁汽车再行移动。卸车时，要保证构件质量前后均衡，并采取有效的防止构件损坏的措施，务必从上至下，依次卸货，不得在构件下部抽卸，以防车体或其他构件失衡。

（三）堆放

预制构件堆放场地应平整、坚实、无积水，卸车后，预埋吊件应朝上，标识应朝向堆垛间的通道，构件应根据制作、吊装平面规划位置，按类型、编号、吊装顺序、方向依次配套堆放，构件应按设计支承位置堆放平稳，底部应设置垫木。对不规则的柱、梁、板应专门分析确定支承和加垫方法，构件支垫应坚实，垫块在构件下的位置宜与脱模吊装时的起吊位置一致，重叠堆放构件时，每层构件间的垫块应上下对齐，堆垛层数应根据构件、垫块的承载力确定，剪力墙、屋架、薄腹梁等重心较高的构件，应直立放置，除设支承垫木外，应在其两侧设置支撑使其稳定，支撑不得少于2道，并应根据需要采取防止堆垛倾覆的措施。柱、梁、楼板、楼梯应重叠堆放，重叠堆放的构件应采用垫木隔开，上、下垫木应在同一垂线上，其堆放高度应遵守以下规定：柱不宜超过2层；梁不宜超过3层；楼屋面预制板不宜超过6层；圆孔板不宜超过8层；堆垛间应留2m宽的通道；堆放预应力构件时，应根据构件起拱值的大小和堆放时间采取相应措施。

第三节　起重机械与垂直运输机械安全管理

起重机械是建筑工程施工不可缺少的设备，在装配整体式混凝土结构工程施工中主要采用自行式起重机和塔式起重机，用于构件及材料的装卸和安装。垂直运输设施主要包括塔式起重机、物料提升机和施工升降机，其中施工升降机既可承担负责物料的垂直运输，也可承担施工人员的垂直运输。自行式起重机和塔式起重机选用应根据拟施工的建筑物平面形状，高度、构件数量、最大构件重量、长度确定，确保安全使用起重机械。科学安排与合理使用起重机械与垂直运输设施可大大减轻施工人员体力劳动强度，确保施工质量与安全生产，加快施工进度，提高劳动生产率。起重机械与垂直运输设施均属特种设备，其安拆与相关施工操作人员均属特种作业人员，其安全运行对保障建筑施工安全生产具有重要意义。

一、起重机械与垂直运输设施技术档案及报检

（一）技术档案管理

（1）起重机械随机出厂文件（包括设计文件、产品质量合格证明、监督检验证明、安装技术文件和资料、使用和维护保养说明书、装箱单、电气原理接线图、起重机械功能表、主要部件安装示意图、易损坏目录）。

（2）安全保护装置的型式试验合格证明。

（3）特种设备检验机构起重机械验收报告、定期检验报告和定期自行检查记录。

（4）日常使用状况记录。

（5）日常维护保养记录。

（6）运行故障及事故记录。

（7）使用登记证明。

（二）使用登记和定期报检

（1）起重机械安全检验合格标志有效期满前一个月向特种设备安全检验机构申请定期检验。

（2）起重机械停用一年重新启用，或发生重大的设备事故和人员伤亡事故，或经受了可能影响其安全技术性能的自然灾害（火灾、水淹、地震、雷击、大风等）后也应该向特种设备安全监督检验机构申请检验。

（3）申请起重机械安全技术检验应以书面的形式，一份报送执行检验的部门，另一份由起重机械安全管理人员负责保管，作为起重机械管理档案保存。

（4）凡有下列情况之一的起重机械，必须经检验检测机构按照相应的安全技术规范的要求实施监督检验，合格后方可使用。

1）首次启用或停用一年后重新启用的。

2）经大修、改造后的。

3）发生事故后可能影响设备安全技术性能的。

4）自然灾害后可能影响设备安全技术性能的。

5）转场安装和移位安装的。

6）国家其他法律法规要求的。

（三）日常检查管理制度

设备管理部门应严格执行设备的日检、月检和年检，即每个工作日对设备进行一次常规的巡检，每月对易损零部件及主要安全保护装置进行一次检查，每年至少进行一次全面检查，保证设备始终处于良好的运行状态。

常规检查应由起重机械操作人员或管理人员进行，其中月检和年检也可以委托专业单位进行。检查中发现异常情况时，必须及时进行处理，严禁设备带故障运行，所有检查和处理情况应及时进行记录。

1. 起重机年检的主要内容

（1）月度检查的所有内容。

（2）金属结构的变形、裂纹、腐蚀及焊缝、铆钉、螺栓等连接情况。

（3）主要零部件的磨损、裂纹、变形等情况。

（4）重量指示、超载报警装置的可靠性和精度。

（5）动力系统和控制器。

2. 起重机日常维护保养管理制度

日常维护保养工作是保证起重机械安全、可靠运行的前提，在起重机械的日常使用过程中，应严格按照随机文件的规定定期对设备进行维护保养。

维护保养工作可由起重机械司机、管理人员和维修人员进行，也可以委托具有相应资质的专业单位进行。

3. 起重机维护保养注意事项

（1）将起重机移至不影响其他起重机工作的位置，因条件限制不能做到的应挂安全警告牌、设置监护人并采取防止撞车和触电的措施。

（2）将所有控制器手柄放于零位。

（3）起重机的下方地段应用红白带围起来，禁止人员通行。

（4）切断电源，拉下闸刀，取下熔断器，并在醒目处挂上"有人检修、禁止合闸"警告牌，或派人监护。

（5）在检修主滑线时，必须将配电室的刀开关断开，并填好工作票，挂好工作牌，同时将滑线短路和接地。

（6）检修换下来的零部件必须逐件清点，妥善处理，不得乱放和遗留在起重机上。

（7）在禁火区动用明火需办动火手续，配备相应的灭火器材。

（8）登高使用的扶梯要有防滑措施，且有专人监护。

（9）手提行灯应36V以下，且有防护罩。

（10）露天检修时，6级以上大风，禁止高空作业。

（11）检修后先进行检查再进行润滑，然后试车验收，确定合格方可投入使用。

二、自行式起重机安全管理

自行式起重机是指自带动力并依靠自身的运行机构沿有轨或无轨通道运移的臂架型起重机，分为汽车起重机、轮胎起重机、履带起重机、铁路起重机和随车起重机等几种。本节以履带式、汽车式和轮胎式起重机为例予以简述相应的安全管理规程。

（一）履带式起重机安全管理规定

（1）起重吊装的指挥人员必须持证上岗，作业时应与操作人员密切配合，执行规定的指挥信号。操作人员按照指挥人员的信号进行作业，当信号不清或错误时，操作人员可拒绝执行。

（2）起重机应当在平坦坚实的地面上作业、行走和停放，在正常作业时，坡度不得大于3°，并应与沟渠、基坑保持安全距离。

（3）起重机启动前重点检查项目应符合下列要求：

1）各安全防护装置及各指示仪表齐全完好。

2）钢丝绳及连接部位符合规定。

3）燃油、润滑油、液压油、冷却水等添加充足。

4）各连接件无松动。

（4）起重机启动前应将主离合器分离，各操纵杆放在空挡位置，并应按照起重机使用说明书的规定启动内燃机。

（5）内燃机启动后，应检查各仪表指示值，待运转正常再接合主离合器，进行空载运转，顺序检查各工作机构及其制动器，确认正常后，方可作业。

（6）作业时，起重臂的最大仰角不得超过出厂规定，当无资料可查时，不得超过78°。

（7）起重机变幅应缓慢平稳，严禁在起重臂未停稳前变换挡位，起重机载荷达到额定起重量的90%及以上时，严禁下降起重臂。

（8）在起吊载荷达到额定起重量的90%及以上时，升降动作应慢速进行，并严禁同时进行两种及以上动作。

（9）起吊重物时应先稍离地面试吊，当确认重物已挂牢，起重机的稳定性和制动器的可靠性均良好，再继续起吊。在重物升起过程中，操作人员应把脚放在制动踏板上，密切注意起升重物，防止吊钩冒顶。当起重机停止运转而重物仍悬在空中时，即使制动踏板被固定，仍应脚踩在制动踏板上。

（10）采用双机抬吊作业时，应选用起重性能相似的起重机进行。抬吊时应统一指挥，动作应配合协调，载荷应分配合理，单机的起吊载荷不得超过允许载荷的80%。在吊装过程中，两台起重机的吊钩滑轮组应保持垂直状态。

（11）当起重机需带载行走时，载荷不得超过允许起重量的70%，行走道路应坚实平整，重物应在起重机正前方向，重物离地面不得大于500mm，并应拴好拉绳，缓慢行驶，严禁长距离带载行驶。

（12）起重机行走时，转弯不应过急，当转弯半径过小时，应分次转弯，当路面凹凸不平时，不得转弯。

（13）起重机上下坡道应无载行走，上坡时应将起重臂仰角适当放小，下坡时应将起重臂仰角适当放大，严禁下坡空挡滑行。

（14）起重机的变幅指示器、力矩限制器、起重量限制器以及各种行程限位开关等安全保护装置，应完好齐全、灵敏可靠，不得随意调整或拆除，严禁利用限制器和限位装置代替操纵机构。

（15）起重机作业时，起重臂和重物下方严禁有人停留、工作或通过。重物吊运时，严禁从人上方通过，严禁用起重机载运人员。

（16）严禁使用起重机进行斜拉、斜吊和起吊地下埋设或凝固在地面上的重物以及其他不明重量的物体。现场浇筑的混凝土构件或模板，必须全部松动后方可起吊。

（17）严禁起吊重物长时间悬挂在空中，作业中遇突发故障，应采取措施将重物降落到安全地方，并关闭发动机或切断电源后进行检修。在突然停电时，应立即把所有控制器拨到零位，断开电源总开关，并采取措施使重物降到地面。

（18）操纵室远离地面的起重机，在正常指挥发生困难时，地面及作业层（高空）的指挥人员均应采用对讲机等有效的通信联络进行指挥。

（19）在露天有6级及以上大风或大雨、大雪、大雾等恶劣天气时，应停止起重吊装作业。雨雪过后作业前，应先试吊，确认制动器灵敏可靠后方可进行作业。

（20）作业后，起重臂应转至顺风方向，并降至40°～60°之间，吊钩应提升到接近顶端的位置，应关停内燃机，将各操纵杆放在空挡位置，各制动器加保险固定，操作室和机棚应关门加锁。

（21）起重机转移工地，应采用平板拖车运送，特殊情况需自行转移时，应卸去配重，拆短起重臂，主动轮应在后面，机身、起重臂、吊钩等必须处于制动位置，并应加保险固定，每行驶500～1000m时，应对行走机构进行检查和润滑。

（二）汽车式和轮胎式起重机安全管理规定

（1）轮胎式起重机行驶和工作的场地应保持平坦坚实，并应与沟渠、基坑保持安全距离。

（2）起重机启动前重点检查项目应符合下列要求：

1）安全保护装置和指示仪表齐全完好。

2）钢丝绳及连接部位符合规定。

3）燃油、润滑油、液压油及冷却水添加充足。

4）各连接件无松动。

5）轮胎气压符合规定。

（3）启动前，应将各操纵杆放在空挡位置，手制动器应锁死，并应按规定启动内燃机。启动后，应急速运转，检查各仪表指使针，运转正常后接合液压泵，待压力达到规定值，油温超过30℃时，方可开始作业。

（4）应全部伸出支腿，并在撑脚板下垫方木，调整机体使回转支撑面的倾斜角在无荷载时不大于1/1000，水准泡居中。支腿有定位销的必须插上，底盘为弹性悬挂的起重机，放支腿前应先收紧稳定器。

（5）作业中严禁搬动支腿操纵阀。调整支腿必须在无荷载时进行，并将起重臂转至正前或正后方可再行调整。

（6）应根据所吊重物的重量和提升高度，调整起重臂长度和仰角，并应估计吊索和重物的高度，留出适当空间。

（7）起重臂伸缩时，应按规定程序进行，在伸臂的同时应相应下降吊钩。当限制器发出警报时，应立即停止伸臂。起重臂缩回时，仰角不宜太小。

（8）起重臂伸出后，出现前节臂杆的长度大于后节伸出长度时，必须进行调整，消除不正常情况后，方可作业。

（9）起重臂伸出后，或主副臂全部伸出后，变副时不得小于各长度所规定的仰角。

（10）作业时，汽车驾驶室内不得有人，重物不得超越驾驶室上方，且不得在车的前方起吊。

（11）采用自由重力下降时，荷载不得超过该工作状况下额定起重量的20%，并使重物有控制地下降，下降停止前应逐渐减速，不得使用紧急制动。

（12）起吊重物达到额定起重量的50%及以上时，应使用低速挡。

（13）作业中发现起重机、支腿不稳等异常现象时，应立即使重物下落在安全的地方，下降中严禁制动。

（14）重物在空中需要停留较长时间时，应将起升卷筒制动锁住，操作人员不得离开操纵室。

（15）起吊重物达到额定起重量的90%以上时，严禁同时进行两种及以上的操作动作。

（16）起重机带载回转时，操作应平稳，避免急剧回转或停止，换向应在停稳后进行。

（17）当轮胎式起重机带载行走时，道路必须平坦坚实，载荷必须符合出厂规定，重物离地面不得超过500m，并应拴好拉绳，缓慢行驶。

（18）作业后，应将起重臂全部缩回放在支架上，再收回支腿。吊钩应用专用钢丝绳挂牢，应将车架尾部两撑杆放在尾部下方的支座内，并用螺母固定，应将阻止机身旋转的销式制动器插入销孔，并将取力器操纵手柄放在托开位置，最后应锁住起重操纵室门。

（19）行驶前，应检查并确认各支腿的收存无松动，轮胎气压应符合规定。行驶时水温应在80～90℃范围内，水温未达到80℃时，不得高速行驶。

（20）行驶时，应保持中速，不得紧急制动，过铁道口或起伏路面时应减速，下坡时严禁空档滑行，倒车时应有人监护。

（21）行驶时，严禁人员在底盘走台上站立或蹲坐，并不得堆放物件。

三、塔式起重机安全管理

（一）装配式建筑塔式起重机选型特点

装配式建筑施工，塔式起重机在承担建筑材料、施工机具运输的同时，还要负责所有PC构件的吊运安装，和传统建筑施工相比，装配式建筑塔式起重机选型、布置和使用有自己的特点：

（1）塔式起重机起重能力要求高，型号比传统施工用型号大。

（2）吊装PC构件占用时间长，塔式起重机使用频率高。

（3）围护墙体同步施工，塔式起重机附着优先选阳台或窗洞。

（二）装配式建筑塔式起重机选型定位及吊具要求

（1）根据最重预制构件重量、位置以及塔机的大致安装位置进行塔机选型，型号应能够满足最重构件的吊装要求和最大幅度处的吊装要求。

（2）根据建筑平面图、建筑结构形式、地下室结构等场地的情况，构件的运输路线以及施工流水情况最终确定塔机的安装位置。

（3）因存在大量预制构件的平面运输，必须合理规划场内运输路线，对运输道路坡度及转弯半径进行控制。

（4）根据各构件的最大重量、施工中可能起吊的最大重量以及位置与塔机起重性能对比校验，留有合适的余量。

（5）附着要求，因结构外墙预制构件不能满足附着受力要求，附着埋设不能按湿法施工的方式处理。为了使锚固点位置准确、受力合理，保证附着装置撑杆的角度，且缩短附着锚固工期，有必要设置附着专用工具式附着钢梁等来满足附着受力要求。

（6）吊具要求，吊装吊具不应仅仅是钢丝绳、卡环、吊耳等，防止被吊构件因重心问题在起吊过程中翻滚发生安全事故，应采用更专业化的吊具来协助完成吊装作业，该吊装梁采用合适型号及长度的工字钢焊接而成。

（三）塔式起重机安全管理规定

1. 资料管理

施工企业或塔式起重机机主应将塔式起重机的生产许可证、产品合格证、拆装许可证、使用说明书、电气原理图、液压系统图、司机操作证、塔式起重机基础图、地质勘察资料、塔式起重机拆装方案、安全技术交底、主要零部件质保书（钢丝绳、高强连接螺栓、地脚螺栓及主要电气元件等）报给塔式起重机检测中心，经塔式起重机检测中心检测合格后，获得安全使用证，安装好以后同项目经理部的交接记录，同时在日常使用中要加强对塔式起重机的动态跟踪管理，作好台班记录、检查记录和维修保养记录（包括小修、中修、大修）并有相关责任人签字，在维修的过程中所更换的材料及易损件要有合格证或质量保证书，并将上述材料及时整理归档，建立一机一档台账。

2. 拆装管理

塔式起重机的拆装是事故的多发阶段，因拆装不当和安装质量不合格而引起的安全事故占有很大的比重。塔式起重机拆装必须要具有资质的拆装单位进行作业，而且要在资质范围内从事安装拆卸。拆装人员要经过专门的业务培训，有一定的拆装经验并持证上岗，同时要各工种人员齐全，岗位明确，各司其职，听从统一指挥，在调试过程中，专业电工的技术水平和责任心很重要，电工要持电工证和起重工证。通过对大量的塔式起重机检测资料进行统计，有些市区发现首检合格率不高，其中大多是由于安装人员的安装技术水平较差，拆装单位疏于管理，安全意识尚有待进一步提高造成的。因此，必须加强对拆装单位人员进行业务培训，并确保培训效果。拆装要编制专项的拆装方案，方案要有安装单位技术负责人审核签字，并在拆装处设置拆装警戒区和警戒线，安排专人负责指挥，无关人员禁止入场，严格按照拆装程序和说明书的要求进行作业，当遇风力超过 4 级要停止拆装，风力超过 6 级塔式起重机要停止起重作业。特殊情况确实需要在夜间作业的要有足够的照明，特殊情况确实需要在夜间作业的要与汽车吊司机就有关拆装的程序和注意事项进行充分的协商并达成共识。

　　3. 塔式起重机基础

　　塔式起重机基础是塔式起重机的根本，实践证明有不少重大安全事故都是由于塔式起重机基础存在问题而引起的，它是影响塔式起重机整体稳定性的一个重要因素。有的事故是由于工地为了抢工期，在混凝土强度不够的情况下而草率安装造成的，有的事故是由于地基承载力不够造成的，有的是由于在基础附近开挖而导致滑坡产生位移，或是由于积水而产生不均匀沉降等造成的，诸如此类，都会造成严重的安全事故。必须引起高度重视，塔式起重机的稳定性就是塔式起重机抗倾覆的能力，塔式起重机最大的事故就是倾翻倒塌。做塔式起重机基础的时候，一定要确保地基承载力符合设计要求，钢筋混凝土的强度至少达到设计值的 80％，有地下室工程的塔式起重机基础要采取特别的处理措施，有的要在基础下打桩，并将桩端的钢筋与基础地脚螺栓牢固的焊接在一起。混凝土基础底面要平整夯实，基础底部不能做成锅底状。基础的地脚螺栓尺寸误差必须严格按照基础图的要求施工，地脚螺栓要保持足够的露出地面的长度，每个地脚螺栓要双螺帽顶紧。在安装前要对基础表面进行处理，保证基础的水平度偏差不能超过 1/1000，同时塔式起重机基础不得积水，积水会造成塔吊基础的不均匀沉降，在塔式起重机基础附近不得随意挖坑或开沟。

　　4. 塔式起重机防碰撞措施

　　（1）坚持塔式起重机作业运行原则

　　1）低塔让高塔原则：低塔在运转时，应观察高塔运行情况后再运行。

　　2）后塔让先塔原则：塔式起重机在重叠覆盖区运行时，后进入该区域的塔式起重机要避让先进入该区域的塔式起重机。

　　3）动塔让静塔原则：塔式起重机在进入重叠覆盖区运行时，运行塔式起重机应避让该区停止塔式起重机。

　　4）轻车让重车原则：在两塔同时运行时，无载荷塔式起重机应避让有载荷的塔式起重机。

　　5）客塔让主塔原则：另一区域塔式起重机在进入他人塔式起重机区域时应主动避让主方塔式起重机。

　　6）同步升降原则：所有塔式起重机应根据具体施工情况在规定时间内统一升降，以满足塔式起重机立体施工的要求。

　　（2）塔式起重机应由专职人员操作和管理，严禁违章作业和超载使用，机械出现故障或运转不正常时应立即停止使用，并及时予以解决。

　　（3）塔臂前端设置明显标志，塔式起重机在使用过程中塔与塔之间回转方向必须错开。

　　（4）从施工流水段上考虑，两台塔式起重机作业时间尽量错开，避免在同一时间、同一地点两塔式起重机同时使用时发生碰撞。

（5）塔式起重机在起吊物件过程中尽量使用小车回位，当塔式起重机运转到施工需要地点时，再将材料运到施工地点。

（6）塔式起重机的转向制动，要经常保持完好状态，要经常检查，如有问题，应及时停机维修，不能带病动转。

（7）塔式起重机同时作业必须照顾相邻塔式起重机作业情况，其吊运方向、塔臂转动位置、起吊高度、塔臂作业半径内的交叉作业，并由专业信号工设限位哨，以控制塔臂的转动位置及角度，同时控制器具的水平吊运。

（8）禁止两塔式起重机同时向一方向吊运作业，严防吊运物体及吊绳相碰，确保交叉作业安全。

（9）每一台塔式起重机，必须有 1 名以上专职、经培训合格后持证上岗的指挥人员。

（10）塔式起重机司机要听从指挥，不能赌气开塔式起重机。

（11）塔式起重机同时作业时，必须保持往同一方向放置，不能随意旋转，并要听从指挥人员的指挥。

（12）指挥信号明确，必须用旗语或对讲机进行指挥。

（13）塔式起重机的转向制动，要经常保持完好状态，要经常检查，如有问题，应及时停机维修，决不能带病运转。

（14）塔式起重机的指挥人员，应经常保持相互联系，如遇到塔式起重机往对方旋转时，要事先通知对方或主动采取避让措施防止发生碰撞。

（15）有塔式起重机进行升（降）节作业时，必须事前及时与周围塔式起重机所属工地的有关人员进行书面联系，并悬挂警示牌，否则不能进行操作。

（16）夜间施工，要有足够的照明，照明度不够的，不能施工。

（17）邻近工地的塔式起重机，应相互协调，要有区域划分和责任划分。

（18）在确定基础安装时，应与邻近工地保持安全距离，防止塔式起重机相互碰撞。

（19）不是同一施工企业相邻的两个以上工地（塔式起重机易发生碰撞的），相关工地要主动与其他工地进行联系，并签订塔式起重机防碰撞的（协调）措施，相关工地必须认真遵守。

（20）项目部要向有关人员（塔式起重机指挥、塔式起重机司机）进行有关防碰撞方面的安全技术交底。

（21）对塔式起重机操作司机和起重指挥做好安全技术交底，以加强个人责任心，当塔式起重机进行回转作业时，二者要密切留意塔式起重机起吊臂工作位置，留有适当的回转位置空间。

第四节　起重吊装安全管理

一、起重吊装安全专项方案的编制

装配式混凝土结构的起重吊装作业是一项技术性强、危险性大、需要多工种互相配合、互相协调、精心组织、统一指挥的特种作业，为了科学的施工，优质高效的完成吊装任务，根据《建筑施工组织设计规范》GB/T 50503、《危险性较大的分部分项工程安全管理规定》（中华人民共和国住房和城乡建设部令第 37 号）、《住房城乡建设部办公厅关于实施〈危险性较大的分部分项工程安全管理规定〉有关问题的通知》（建办质〔2018〕31号），应编制起重吊装施工方案，保证起重吊装安全施工。

（一）起重吊装专项施工方案的编制

1. 准备阶段

由施工单位专业技术人员收集与装配式混凝土结构起重作业有关资料，确定施工方法和工艺，必要时还应召开专题会议对施工方法和工艺进行讨论。

2. 编写阶段

专项施工方案由施工单位组织专人或小组，根据确定的施工方法和工艺编制，编制人员应具有专业中级以上技术职称。

3. 审核阶段

专项方案应由施工单位技术部门组织本单位施工技术、安全、质量等部门的专业技术人员进行审核，经审核合格后，由施工单位技术负责人签字。实行总承包的，专项方案应当由总承包单位技术负责人及相关专业承包单位技术负责人签字，经施工单位审核合格后报监理单位，由项目总监工程师审核签字。

（二）起重吊装专项施工方案的内容

1. 编制说明及依据

编制说明包括被吊构件的工艺要求和作用，被吊构件的重量、重心、几何尺寸、施工要求、安装部位等。编制依据列出所依据的法律法规、规范性文件、技术标准施工组织设计和起重吊装设备的使用说明等，采用电算软件的，应说明方案计算使用的软件名称、版本。

2. 工程概况

简单描述工程名称、位置、结构形式、层高、建筑面积、起重吊装位置、主要构件重量和形状、进度要求等。主要说明施工平面布置、施工要求和技术保证条件。

3. 施工部署

描述施工进度计划、吊装任务等内容，根据吊装能力分析吊装时间与设备计划，根据工程量和劳动定额编制劳动力计划，包括专职安全生产管理人员、特种作业人员（司机、信号指挥、司索工）等。

4. 施工工艺

详细描述运输设备、吊装设备选型理由、吊装设备性能、吊具的选择、验算预制构件强度、清查构件、查看运输线路、运输、堆放和拼装、吊装顺序、起重机械开行路线、起吊、就位、临时固定、校正最后固定等。

5. 安全保证措施

根据现场情况分析吊装过程中应注意的问题，描述安全保障措施。

6. 应急措施

描述吊装过程中可能遇到的紧急情况和应采取的应对措施。

7. 计算书及相关图纸

主要包括起重机型号选择验算、预制构件的吊装吊点位置和强度裂缝宽度验算、吊具的验算校正和临时固定的稳定验算、地基承载力的验算、吊装的平面布置图、开行路线图、预制构件卸载顺序图等。

二、吊具和吊点

预制混凝土构件吊点提前设计好，根据预留吊点选择相应的吊具。在起吊构件时，为了使构件稳定，不出现摇摆、倾斜、转动、翻倒等现象，应该选择合适的吊具。无论采用几点吊装，都要始终使吊钩和吊具的连接点的垂线通过被吊构件的重心，它直接关系吊装结果和操作安全。

吊具的选择必须保证被吊构件不变形、不损坏，起吊后不转动、不倾斜、不翻倒。吊具的选择应根据被吊构件的结构、形状、体积、重量、预留吊点以及吊装的要求，结合现场作业条件，确定合适的吊具。吊具选择必须保证吊索受力均匀，各承载吊索间的夹角一般不应大于60°，其合力作用点必须保证与被吊构件的重心在同一条铅垂线上，保证在吊运过程中吊钩与被吊构件的重心在同一条铅垂线上。在说明书中提供吊装图的构件，应按吊装图进行吊装，在异形构件装配时，可采用辅助吊点配合简易吊具调节物体所需位置的吊装法。当构件无设计吊钩（点）时，应通过计算确定绑扎点的位置，绑扎的方法应保证可靠和摘钩简便安全。

三、吊装过程中的安全措施

（一）吊装前的准备

根据《建筑施工起重吊装工程安全技术规范》JGJ 277，施工单位应对从事预制构件吊装作业的相关人员进行安全培训与交底，明确预制构件、吊装、就位各环节的作业风险，并制定防止危险情况的处理措施。安装作业开始前，应对安装作业区做出明显的标识，划定危险区域，拉警戒线将吊装作业区封闭，并派专人看管，加强安全警戒，严禁与安装作业无关的人员进入吊装危险区。应定期对预制构件吊装作业所用的安装工器具进行检查，发现有可能存在的使用风险，应立即停止使用。吊机吊装区域内，非作业人员严禁进入。

（二）吊装过程中安全注意事项

吊运预制构件时，构件下方严禁站人，应待预制构件降落至地面1m以内方准作业人员靠近，就位固定后方可脱钩。构件应采用垂直吊运，严禁采用斜拉、斜吊，杜绝与其他物体的碰撞或钢丝绳被拉断的事故。在吊装回转、俯仰吊臂、起落吊钩等动作前，应鸣声示意，一次宜进行一个动作，待前一动作结束后，再进行下一动作。

吊起的构件不得长时间悬在空中，应采取措施将重物降落到安全位置。吊运过程应平稳，不应有大幅摆动，不应突然制动。回转未停稳前，不得做反向操作。采用抬吊时，应进行合理的负荷分配，构件重量不得超过两机额定起重量总和的75%，单机载荷不得超过额定起重量的80%。两机应协调起吊和就位，起吊的速度应平稳缓慢。双机抬吊是特殊的起重吊装作业，要慎重对待，关键是做到载荷的合理分配和双机动作的同步。因此，需要统一指挥。

吊车吊装时应观测吊装安全距离、吊车支腿处地基变化情况及吊具的受力情况。在风速达到12m/s及以上或遇到雨、雪、雾等恶劣天气时，应停止露天吊装作业。

下列情况下，不得进行吊装作业：

（1）工地现场昏暗，无法看清场地、被吊构件和指挥信号时。

（2）超载或被吊构件重量不清，吊索具不符合规定时。

（3）吊装施工人员饮酒后。

（4）捆绑、吊挂不牢或不平衡，可能引起滑动时。

（5）被吊构件上有人或浮置物时。

（6）结构或零部件有影响安全工作的缺陷或损伤时。

（7）遇有拉力不清的埋置物件时。

（8）被吊构件棱角处与捆绑绳间未加衬垫时。

（三）吊装后的安全措施

对吊装中未形成空间稳定体系的部分，应采取有效的临时固定措施。混凝土构件永久固定的连接，应经过严格检查，并确认构件稳定后，方可拆除临时固定措施。起重设备及其配合作业的相关机具设备在工作时，必须指定专人指挥。对混凝土构件进行移动、吊升、停止、安装时的全过程应用远程通信设备进行指挥，信号不明不得起动。重新作业前，应先试吊，并应确认各种安全装置灵敏可靠后进行作业。装配整体式混凝土结构在绑扎柱、墙钢筋时，应采用专用高凳作业，当高于围挡时，作业人员应佩戴穿芯自锁保险带。

（四）预制构件的吊装

1. 柱的吊装

柱的起吊方法应符合施工组织设计规定。柱就位后，必须将柱底落实，初步校正垂直后，较宽面的两侧用钢斜撑进行临时固定。对重型柱或细长柱以及多风或风大地区，在柱子上部应采取稳妥的临时固定措施，确认牢固可靠后，方可指挥脱钩。校正柱后，及时对连接部位注浆，混凝土强度达到设计强度75%时，方可拆除斜撑。

2. 梁的吊装

梁的吊装应在柱永久固定安装后进行。吊车梁的吊装，应采用支撑撑牢或用8号铁丝将梁捆于稳定的构件上后，方可摘钩。应在梁吊装完，也可在屋面构件校正并最后固定后进行。校正完毕后，应立即焊接或机械连接固定。

3. 板的吊装

吊装预制板时，宜从中间开始向两端进行，并应按先横墙后纵墙，先内墙后外墙，最后隔断墙的顺序逐渐封闭吊装。预制板宜随吊随校正，就位后偏差过大时，应将预制板重新吊起就位，就位后应及时在预制板下方用独立钢支撑或钢管脚手架顶紧，及时绑扎上皮钢筋及各种配管，浇筑混凝土形成叠合板体系。

外墙板应在焊接固定后方可脱钩，内墙和隔墙板可在临时固定可靠后脱钩。校正完后，应立即焊接预埋筋，待同一层墙板吊装和校正完后，应随即浇筑墙板之间立缝作最后固定，梁混凝土强度必须达到75%以上，方可吊装楼层板。

外墙板的运输和吊装不得用钢丝绳兜吊，并严禁用铁丝捆扎，挂板吊装就位后，应与主体结构（如柱、梁或墙等）临时或永久固定后方可脱钩。

4. 楼梯吊装

楼梯安装前应对楼梯支撑，确保牢固可靠，楼梯吊运时，应保证吊运路线内不得站人，楼梯就位时操作人员应在楼梯两侧，楼梯对接永久固定以后，方可拆除楼梯支撑。

四、高处作业安全注意事项

（1）根据《建筑施工高处作业安全技术规范》JGJ 80 的规定，预制构件吊装前，吊装作业人员应穿防滑鞋、戴安全帽。预制构件吊装过程中，高空作业的各项安全检查不合格时，严禁高空作业。使用的工具和零配件等，应采取防坠落措施，严禁上下抛掷。构件起吊后，构件和起重臂下面，严禁站人。构件应匀速起吊，平稳后方可钩住，然后使用辅助性工具安装。

（2）安装过程中的攀登作业需要使用梯子时，梯脚底部应坚实，不得垫高使用，折梯使用时上部夹角以 $35°\sim45°$ 为宜，设有可靠的拉撑装置，梯子的制作质量和材质应符合规范要求。安装过程中的悬空作业处应设置防护栏杆或其他可靠的安全措施，悬空作业所使用的索具、吊具、料具等设备应为经过技术鉴定或验证、验收的合格产品。

（3）梁板吊装前在梁、板上提前将安全立杆和安全维护绳安装到位，为吊装时工人佩戴安全带提供连接点。吊装预制构件时，严禁站人和行走。在预制构件的连接、焊接、灌缝、灌浆时，离地 2m 以上的框架、过梁、雨篷和小平台，应设操作平台，不得直接站在模板或支撑件上操作。安装梁和板时，应设置临时支撑架，临时支撑架调整时，需要两人同时进行调整，防止构件倾覆。

（4）安装楼梯时，作业人员应在构件一侧，并应佩挂安全带，并应严格遵守高挂低用。

（5）外围防护一般采用外挂架，架体高度要高于作业面，作业层脚手板要铺设严密。架体外侧应使用密目式安全网进行封闭，安全网的材质应符合规范要求，现场使用的安全网必须是符合国家标准的合格产品。

（6）在建工程的预留洞口、楼梯口、电梯井口应有防护措施，防护措施、设施应铺设严密，符合规范要求，防护设施应达到定型化、工具化，电梯井内应每隔两层（不大于10m）设置一道安全平网。

（7）通道口防护应严密、牢固，防护棚两侧应设置防护措施，防护棚宽度应大于通道口宽度，长度应符合规范要求，建筑物高度超过 30m 时，通道口防护顶棚应采用双层防护，防护棚的材质应符合规范要求。

（8）存放辅助性工具或者零配件需要搭设物料平台时，应有相应的设计计算，并按设计要求进行搭设，支撑系统必须与建筑结构进行可靠连接，材质应符合规范及设计要求，并应在平台上设置荷载限定标牌。

（9）预制梁、楼板及叠合受弯构件的安装需要搭设临时支撑时，所需钢管等需要悬挑式钢平台来存放，悬挑式钢平台应有相应的设计计算，并按设计要求进行搭设，搁置点与上部拉结点，必须位于建筑结构上，斜拉杆或钢丝绳应按要求两边各设置前后两道，钢平台两侧必须安装固定的防护栏杆，并应在平台上设置荷载限定标牌，钢平台台面、钢平台与建筑结构间铺板应严密、牢固。

（10）安装管道时必须有已完结构或操作平台为立足点，严禁在安装中的管道上站立和行走。移动式操作平台的面积不应超过 10m²，高度不应超过 5m，移动式操作平台轮子与平台连接应牢固、可靠，立柱底端距地面高度不得大于 80mm，操作平台应按规范要求进行组装，铺板应严密，操作平台四周应按规范要求设置防护栏杆，并设置登高扶梯，操作平台的材质应符合规范要求。

（11）安装门、窗，油漆及安装玻璃时，严禁操作人员站在樘子、阳台栏板上操作。门、窗临时固定，封填材料未达到强度，以及电焊时，严禁手拉门、窗进行攀登。在高处外墙安装门、窗，无外脚手架时，应张挂安全网。无安全网时，操作人员应系好安全带，其保险钩应挂在操作人员上方的可靠物件上。进行各项窗口作业时，操作人员的重心应位于室内，不得在窗台上站立，必要时应系好安全带进行操作。

第五节　水平构件临时支撑系统

一、水平构件临时支撑系统简介

临时支撑系统根据支撑构件的不同可分为水平构件临时支撑系统和竖向构件临时支撑系统。装配式结构中预制楼板、预制叠合梁、预制阳台等水平构件一般采用独立钢支撑或钢管脚手架进行临时固定，预制柱、预制墙板等竖向构件一般用斜钢支撑临时固定。

图 6-7　装配整体式混凝土结构的支撑

目前，实际工程中，装配式结构预制混凝土楼板、预制叠合梁、预制阳台等水平构件多采用独立钢支撑系统进行临时固定，如图 6-7 所示。装配整体式混凝土结构的模板与支撑应根据施工过程中的各种工况进行设计，应具有足够的承载力、刚度，并应保证其整体稳固性，独立钢支撑系统的支撑高度一般不宜大于 4m。支撑安装应保证工程结构的构件各部分形状、尺寸和位置的准确，模板安装应牢固、严密、不漏浆，且应便于钢筋敷设和混凝土浇筑、养护。

二、独立钢支撑系统主要构配件

（1）独立钢支撑由独立钢支柱、楞梁、水平杆或三脚架组成，如图 6-8 所示。

（2）独立钢支柱由套管、插管和支撑头组成，分为外螺纹钢支柱和内螺纹钢支柱，如图 6-9 所示。

（3）套管由底座、钢管、调节螺管和调节螺母组成，插管由带销孔的钢管和插销组成，支撑头可采用板式顶托或 U 型支托。

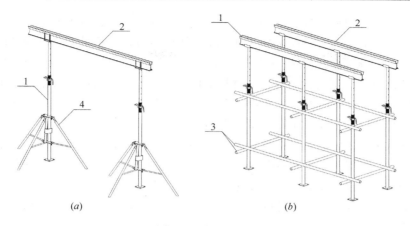

图 6-8　独立钢支撑
(a) 三脚架式独立钢支撑；(b) 水平杆式独立钢支撑
1—独立钢支柱；2—楞梁；3—水平杆；4—三脚架

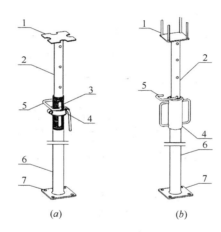

图 6-9　独立钢支柱
(a) 外螺纹钢支柱；(b) 内螺纹钢支柱
1—支撑头；2—插管；3—调节螺管；4—调节螺母；5—插销；6—套管；7—底座

三、构配件的材料要求

（1）插管规格宜为 $\phi48.3mm×3.6mm$，套管规格宜为 $\phi60mm×2.4mm$。插管、套管应符合现行国家标准《直缝电焊钢管》GB/T 13793、《低压流体输送用焊接钢管》GB/T 3091 中的 Q235B 或 Q345 级普通钢管的要求，其材质性能应符合现行国家标准《碳素结构钢》GB/T700 或《低合金高强度结构钢》GB/T 1591 的规定。

（2）支撑头宜采用 Q235B 的钢板制作，其材质性能应符合现行国家标准《碳素结构钢》GB/T 700 的规定，板材厚度不应小于 6mm。

（3）底座宜采用 Q235B 的钢板热冲压整体成型，其材质性能应符合现行国家标准《碳素结构钢》GB/T 700 的规定，底座尺寸宜为 150mm ×150mm，板材厚度不应小于 6mm。

（4）调节螺管宜采用 $\phi60mm×4mm$ 的钢管制作，应采用 Q235B 或 Q345 无缝钢管，其质量应符合现行国家标准《结构用无缝钢管》GB/T 8162 的规定，调节螺管的可调螺纹长度不应小于 210mm，孔槽宽度不应小于 16mm，长度宜为 130mm，槽孔应上下对称布置。

（5）插销应采用镀锌热轧光圆钢筋，其材料性能应符合现行国家标准《钢筋混凝土用钢 第 1 部分：热轧光圆钢筋》GB/T 1499.1 中的 HPB300 热轧光圆钢筋的相关规定，插销直径宜为 ϕ14mm，销孔直径宜为 16mm、间距宜为 125mm，销孔应对称设置。

（6）调节螺母应采用铸钢制造，其材料机械性能应符合现行国家标准《一般工程用铸造碳钢件》GB/T 11352 中 ZG270-500 的规定，调节螺母与可调螺管啮合长度不得少于 6 扣，调节螺母高度应不小于 40mm，厚度应不小于 10mm。

（7）楞梁宜采用木材或铝合金制作做的工字梁。采用木材时，木材材质标准应符合现行国家标准《木结构设计规范》GB 50005 的规定；采用铝合金型材时，应符合现行国家标准《铝及铝合金型材》YB 1703 的规定。

（8）水平杆宜采用普通焊接钢管，应符合现行国家标准《直缝电焊钢管》GB/T 13793 的要求。

（9）三脚架宜采用普通焊接钢管制作，钢管应符合现行国家标准《直缝电焊钢管》GB/T 13793 的要求。

四、独立钢支撑系统构造要求

（1）独立钢支柱插管与套管的重叠长度不应小于 280mm，独立钢支柱套管长度应大于独立钢支柱总长度的 1/2 以上。采用 U 型顶托时，楞梁应居中布置，两侧间隙应楔紧，采用板式顶托时，顶托与楞梁之间应采取可靠的固定措施。独立钢支撑应设置水平杆或三脚架等有效防倾覆措施。

（2）采用水平杆作为防倾覆措施时，应符合下列规定：水平杆可采用钢管和扣件搭设，也可采用盘扣或盘销式等钢管架搭设，水平杆应采用不小于 ϕ32mm 的普通焊接钢管，水平杆应按步纵横向通长满布贯通设置，水平杆不应少于两道，底层水平杆距地高度不应大于 550mm。

（3）采用三脚架作为防倾覆措施时，应符合下列规定：三脚架宜采用不小于 ϕ32mm 的普通焊接钢管制作，三脚架支腿与底面的夹角宜为 45°～60°，底面三角边长不应小于 800mm，三脚架应与独立钢支柱进行可靠连接。

（4）独立钢支撑的布置除应满足预制混凝土梁、板的受力设计要求外，独立钢支柱距结构外缘不宜大于 500mm，独立钢支撑的楞梁宜垂直于叠合板桁架钢筋、叠合梁纵向布置，装配式结构多层连续支撑时，上、下层支撑的立柱宜对准。

五、独立钢支撑搭设与拆除

（一）独立钢支撑的搭设场地应坚实、平整，底部应作找平夯实处理，承载力应满足受力要求。独立钢支撑立柱搭设在基础上时，应加设垫板，垫板应有足够的强度和支撑面积，采用木垫板时，垫板厚度应一致且不得小于 50mm、宽度不小于 200mm、长度不小于 2 跨。

（二）独立钢支撑搭设应按专项施工方案进行，如图 6-10 所示，并应符合下列规定：

（1）独立钢支撑应按设计图纸进行定位放线。

（2）将插管插入套管内，安装支撑头，并将独立钢支柱放置于指定位置。

（3）水平杆、三脚架等稳固措施应随独立钢支撑同步搭设，不得滞后安装。

（4）根据支撑高度，选择合适的销孔，将插销插入销孔内并固定。

（5）根据设计图纸安装、固定楞梁。

图 6-10　独立钢支柱支撑

（6）矫正纵横间距、立杆的垂直度及水平杆的水平度。

（7）调节可调螺母使支撑头上的楞梁顶至预制混凝土梁、板底标高。

（三）采用独立钢支撑的预制混凝土梁、板的吊装应符合以下规定：

（1）应根据预制混凝土梁、板的形状、尺寸、重量和作业半径等要求选择吊具和起重设备，所采用的吊具和起重设备及其施工操作应符合国家现行有关标准的规定。

（2）预制混凝土梁、板吊运就位时，应缓慢放置，待预制混凝土梁、板放置独立钢支撑上稳固后，方可摘除卡环，如图 6-11 所示。

（3）预制混凝土梁、板与楞梁应结合严密，确保荷载可靠传递。

（四）独立钢支撑拆除时应符合下列规定：

（1）独立钢支撑的拆除应按施工方案确定的方法和顺序进行。

（2）作业层混凝土浇筑完成后，方可拆除下层独立钢支撑水平杆、三脚架等构造措施。

（3）独立钢支撑拆除前混凝土

图 6-11　预制梁吊装

强度应达到设计要求；当设计无要求时，混凝土强度应符合现行国家标准《混凝土结构工程施工质量验收规范》GB 50204 的相关规定。

（4）独立钢支撑的拆除应符合现行国家相关标准的规定，装配式结构应保持不少于两层连续支撑。

（5）拆除的支撑构配件应及时分类、指定位置存放。

六、独立钢支撑检查与验收

独立钢支撑搭设完毕应组织施工技术人员进行验收，独立钢支撑搭设的技术要求、允许偏差与检验方法应符合表 6-2 的规定。

独立钢支撑搭设的技术要求、允许偏差与检验方法 表 6-2

序号	项目		技术要求	允许偏差（mm）	检查方法
1	搭设场地	承载力	满足受力要求	—	检查计算书、地质勘察报告
		表面	坚实平整	—	观察
2	独立钢支柱	垂直度	—	2‰	经纬仪或吊线
		间距	—	+20 −20	钢卷尺
3	三脚架	角度	45°～60°		角尺
		底面边长	≥800		钢卷尺
4	水平杆	步距	—	+10 −10	钢卷尺
		底部高度	≤550		钢卷尺

预制混凝土梁、板吊装前对搭设的钢支撑进行检查，确认符合专项施工方案要求后方可进行预制混凝土梁、板的安装。独立钢支撑应提供以下技术资料：

（1）独立钢支撑施工方案。

（2）独立钢支撑检查验收记录。

（3）生产厂家、租赁（产权）公司营业执照复印件。

（4）构配件质量合格证书、力学性能检验报告。

七、安全管理与维护

（1）独立钢支撑搭设与拆除作业人员必须正确佩戴安全帽、系安全带、穿防滑鞋。

（2）支撑结构作业层上的施工荷载不得超过设计允许荷载。

（3）叠合梁应从跨中向两端、叠合板应从中央向四周对称分层浇筑，叠合板局部混凝土堆置高度不得超过楼板厚度 100mm。

（4）预制混凝土梁、板吊装及混凝土浇筑施工过程中，应派专人监测独立钢支撑的工作状态，发生异常时监测人员应及时报告施工负责人，情况紧急时应迅速撤离施工人员，并应进行相应加固处理。当遇到险情及其他特殊情况时，应立即停工和采取应急措施，待修复或险情排除后，方可继续施工。

（5）独立钢支撑搭设和拆除过程中，应设置警戒区和警示标识，严禁非操作人员进入作业范围。

（6）6 级及以上大风及雨雪时，应停止预制混凝土梁、板的吊装作业。

（7）拆除时应注意对插管、套管、支撑头、水平杆及三脚架的保护，拆除的独立钢支柱构配件应安全传递至楼地面，严禁抛掷。

（8）工地临时用电线路应按现行行业标准《施工现场临时用电安全技术规范》JGJ 46 的有关规定执行。

第六节　竖向构件临时支撑系统

装配式混凝土结构预制柱、预制墙板等竖向构件一般采用临时斜支撑进行临时固定，斜支撑和独立支撑共同构成装配整体式混凝土结构工程施工临时支撑体系。

一、斜支撑主要构配件

斜支撑主要由上支撑杆、下支撑杆、上连接码和下连接码组成，支撑杆分为整体式支撑杆和分段式支撑杆两种形式，如图 6-12 所示。

整体式支撑杆由钢支柱、调节螺杆、调节螺母和转动手柄等配件组成，如图 6-13 所示；分段式支撑杆由套管、插管、可调螺母和插销等配件组成，如图 6-14 所示。

上连接码、下连接码均由面板、耳板和螺栓组成，如图 6-15 所示。

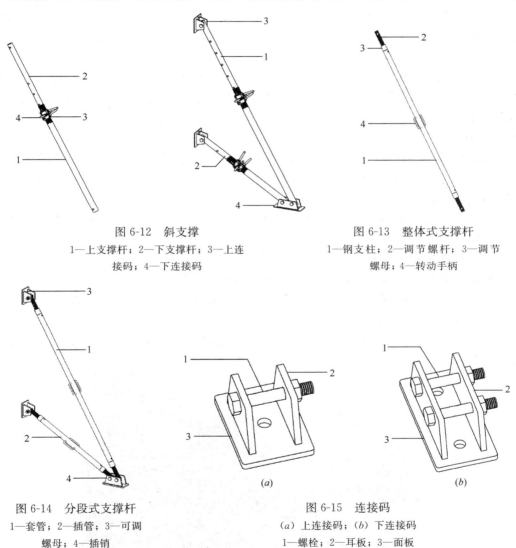

图 6-12　斜支撑
1—上支撑杆；2—下支撑杆；3—上连接码；4—下连接码

图 6-13　整体式支撑杆
1—钢支柱；2—调节螺杆；3—调节螺母；4—转动手柄

图 6-14　分段式支撑杆
1—套管；2—插管；3—可调螺母；4—插销

图 6-15　连接码
(a) 上连接码；(b) 下连接码
1—螺栓；2—耳板；3—面板

二、斜支撑构配件材料要求

（1）整体式斜支撑的钢支柱应采用不小于 ϕ48.3mm×3.6mm 的钢管，材料应符合现行国家标准《直缝电焊钢管》GB/T 13793、《低压流体输送用焊接钢管》GB/T 3091 中的 Q235B 或 Q345 级普通钢管的要求，其材质性能应符合现行国家标准《碳素结构钢》GB/T 700 或《低合金高强度结构钢》GB/T 1591 的规定。

（2）整体式斜支撑调节螺母宜采用 ϕ48.3mm×5mm 的钢管制作，应采用 Q235B 或 Q345 级无缝钢管，质量应符合现行国家标准《结构用无缝钢管》GB/T 8162 的规定，长度不应小于 50mm。

（3）调节螺杆应采用 Q235B 或 Q345 级圆钢制作，材质性能应符合现行国家标准《碳素结构钢》GB/T 700 或《低合金高强度结构钢》GB/T 1591 的规定，调节螺杆外径不应小于 38mm。

（4）调节螺母、调节螺杆的直径与螺距应符合现行国家标准《梯形螺纹　第 2 部分：直径与螺距系列》GB/T 5796.2 和《梯形螺纹　第 3 部分：基本尺寸》GB/T 5796.3 的规定。

（5）连接码面板、耳板应采用 Q235B 或 Q345 的钢板制作，其材质性能应符合现行国家标准《碳素结构钢》GB/T 700 或《低合金高强度结构钢》GB/T 1591 的规定，上连接码面板尺寸不应小于 100mm×80mm，下连接码不应小于 250mm×100mm；板材厚度不应小于 6mm。

（6）转动手柄应采用热轧光圆钢筋，其材料性能应符合现行国家规范《钢筋混凝土用钢 第 1 部分：热轧光圆钢筋》GB 1499.1 中的 HPB300 热轧光圆钢筋的相关规定，手柄直径宜为 ϕ14mm。

（7）螺栓应采用不小于 4.6 级 M14 的普通螺栓，螺栓的材质应符合现行国家标准《六角头螺栓》GB/T 5782 的相关规定。

三、斜支撑构造要求

（1）预制混凝土部件吊运安装时，部件应保持垂直状态，部件与楼面的角度应保持在 87°～93°之间，斜支撑两端固定且预制混凝土部件调整垂直后方可落绳，结束吊装。

（2）斜支撑设置应符合下列要求：

1）斜支撑应上下各设置一道，下支撑杆与地面夹角不宜大于 15°，上支撑杆与地面夹角宜为 45°～ 60°，如图 6-16 所示。

图 6-16　斜支撑搭设

2）预制混凝土墙板斜支撑间距不应大于 2000mm，宽度大于 1200mm 的墙体单侧宜设置不少于 2 道，墙体洞口两侧宜设置一道斜支撑，连接码应均匀布置。

3）当柱截面尺寸大于 800mm 时，单侧斜支撑不应少于 2 道。

4）上支撑杆支撑点距离楼板底部不宜小于部件高度的 2/3，且不应小于部件高度的 1/2。

5）连接码距预制混凝土边或洞口边不应小于 150mm。

（3）支撑杆的调节螺杆长度不应大于 300mm，应设置调节螺杆限位装置，限位装置应保证螺杆啮合不得少于 8 扣。

四、斜支撑搭设与拆除

（1）斜支撑预埋连接螺杆处混凝土应平整密实，混凝土强度应满足预埋螺杆抗拔要求。

（2）吊装预制混凝土部件时，必须符合以下规定：

1）作业前应检查绳索、卡具、预制混凝土配件上的吊环，必须完整有效，符合规范要求。

2）吊装时应设专人指挥，统一信号，密切配合。

3）吊装存在盲区时，司机操作室应设置视频监控装置。

4）5 级及 5 级以上大风应停止吊装作业。

（3）斜支撑搭设应符合下列规定：

1）斜支撑的布置应根据施工方案进行，应避免与模板支架、相邻支撑冲突。

2）预制混凝土部件下落时，应匀速缓慢下落。

3）预制混凝土部件就位后，先安装上支撑杆，再安装下支撑杆进行临时固定。

4）转动下支撑杆的转动手柄，调整预制混凝土部件的位置。

5）转动上支撑杆转动手柄，调整预制混凝土部件的垂直度。

6）待预制混凝土部件安装完成检查合格后，方可落绳结束吊装。

（4）斜支撑拆除时应符合下列规定：

1）斜支撑的拆除应按施工方案确定的方法和顺序进行拆除。

2）斜支撑拆除前应经项目技术负责人同意后方可拆除，拆除前后浇混凝土强度应达到设计要求，当设计无具体要求时，该层后浇混凝土强度应达到设计强度的 75％以上方可拆除。

3）拆除前灌浆连接强度应符合设计要求，当设计无具体要求时，灌浆连接强度应达到设计强度的 90％以上方可拆除。

4）拆除的斜支撑构件应及时分类、指定位置堆放，以便周转使用。

五、斜支撑检查与验收

（1）斜支撑搭设完成后，应组织施工技术人员对斜支撑进行验收，确认符合要求后方可进行下道工序，预制混凝土部件的预埋连接螺母、后浇混凝土预埋连接螺杆应位置准确，允许偏差为 ±10mm，连接码与可调螺杆之间的间隙每边不应大于 3mm，连接码应固定牢固，不得有松动现象。

（2）斜支撑在使用过程中，应进行以下检查：

1）斜支撑是否松动。

2）连接码上的螺栓是否松动。

3）连接码与地面连接螺杆是否松动。

4）施工是否超载。

5）安全防护措施是否符合要求。

（3）支撑应提供以下技术资料：

1）斜支撑施工方案。

2）斜支撑构件检查验收记录。

3）生产厂家、租赁（产权）公司营业执照复印件。

4）构配件质量合格证书。

六、斜支撑安全管理与维护

（1）斜支撑安装与拆除人员必须经过培训，考核合格后方可上岗作业，吊装作业人员必须持证上岗。

（2）斜支撑作业人员必须正确佩戴安全帽、系安全带、穿防滑鞋。

（3）结构现浇混凝土施工过程中，应派专人观测斜支撑的工作状态，发生异常时，应及时报告施工负责人，情况紧急时应迅速撤离施工人员，并应进行相应加固处理。

（4）斜支撑在使用期间，严禁随意拆除。

（5）斜支撑搭设和拆除过程中，应设置警戒区和警示标识，严禁非作业人员进入作业范围。

（6）拆除时应注意对支撑杆、连接码、插管、套管和螺栓的保护，拆除的钢支柱斜支撑构件应安全传递至地面，严禁抛掷。

第七节　外防护架简介

一、外防护架

装配整体式混凝土结构外防护架为新兴配套产品，充分体现了节能、降耗、环保、灵活等特点，目前常用的外墙防护架为悬挂在外剪力墙上，主要解决房建结构平立面防护以及立面垂直方向简单的操作问题。装配整体式混凝土结构在施工过程中所需要的外防护架与现浇结构的外墙脚手架相比，架体灵巧，拆分简便，整体拼装牢固，根据现场实际情况便于操作，可多次重复使用，外防护架如图 6-17 所示。

图 6-17　外防护架

二、外防护架构造

外防护架通常采用角钢焊接架体，三角形架体采用槽钢，设置钢管防护采用普通钢管，扣件采用普通直角扣件，还需准备脚手板、钢丝网等一般脚手架所用的材料。

脚手架操作平台设置：在相邻每榀三脚架间采用角钢焊接成骨架，骨架之间采用每隔一定距离，设置钢筋与角钢焊接架体。

外防护架防护采用钢管进行围护，在临边处搭设高度为 1.2m 的钢管防护，立杆设置间距不大于 1.8m，水平杆设置三道，并悬挂安全防护网，立杆与外防护架体采用焊接的方式进行连接，在离操作平台 0.2m 范围内设置挡脚板，如图 6-18 所示。

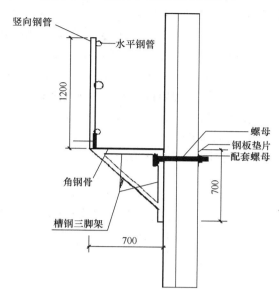

图 6-18　外防护架构造

三、外防护架计算实例

1. 参数信息

（1）基本参数

因墙板最大为 4.2m，所以三脚架纵向间距 l_a 最大为 1.8m；所以 4.2m 墙上有 4 个三脚架；三脚架宽度为 0.70m；外防护架搭设高度为 1.20m；立杆步距 1.5m；横杆间距 0.50m；三脚架高度 h：0.70m；两颗螺母最大防护距离为 1.8m，即最大外防护架自重为角钢质量：$3.37 \times 3.6 = 12.132$kg；三脚架质量：$5.44 \times 2.38 \times 2 = 25.8944$kg；钢管质量：$7.8 \times 3.841 = 29.9598$kg；钢筋骨架 4kg；脚手板自重 4.5kg；上人活载 200kg。

（2）材料参数

三脚架采用 5mm 厚槽钢进行焊接，上部采用 L50×5 的角钢进行焊接，内配 $\phi18$ 的三级钢间距 500mm 形成骨架，骨架面层铺设 50mm 厚脚手板，进行满铺。焊接时焊缝必须饱满。

（3）荷载参数

本外架使用过程中，三脚架的自重荷载为 2.000kN，安全网自重为 0.005kN/m²，脚手板采用木脚手板，自重为 0.350kN/m²，施工均布荷载为 2.22kN/m²。

（4）挂架对墙体的影响

本工程挂架是墙体后浇带浇筑完成后进行外防护挂架的提升，由于墙体已经连成整体，此种情况下外防护挂架只存在自重，对于墙体不存在影响。

外挂架计算，以单榀三脚架为计算单元，将挂架视为桁架，视各杆件之间的节点为铰接点，各杆件只承受轴力作用。计算时将作用在挂架上的所有荷载转化为作用在节点上的集中力，进行计算。

2. 荷载计算

（1）操作人员荷载 $q_1 = 3.284918$kN/m²（1kN/mm² = 102kg/m²）。上面只走人，不

145

准堆放任何材料。

（2）外挂架自重

每米立杆的自重为 0.149kN，每一开间内的立杆排数由 $l_a/b=4.2/2=3$，得到立杆排数为 4；外防护架自重为：

$q_2=(4×1.20×0.149+4×4.2×0.149)/(4.2×0.90)=0.85143kN/m^2$；

（3）钢丝网自重 $q_3=1.2×4.2×0.005/(4.2×0.90)=0.00667\ kN/m^2$；

（4）脚手板自重 $q_4=0.350kN/m^2$；

（5）每榀三脚架自重 $q_5=0.069kN$；

总荷载为 $q=1.2×(q_2+q_3+q_4+q_5)=1.53252kN/m^2$。

3. 计算简图

计算简图如图 6-19 所示。

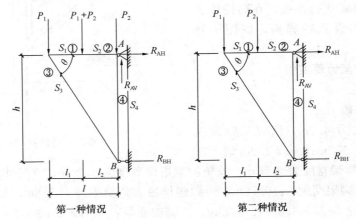

图 6-19 计算简图

计算时考虑两种情况：

第一种情况：挂架上的荷载为均匀分布，化为节点集中荷载，则为：

$P_1+P_2=q×0.9×l_a/2=(1.53252×0.90×2)/2=1.379268kN$；

第二种情况：荷载的分布偏于外防护架外侧时，单位面积上的荷载化为节点集中荷载，$P_1=P_2=q×0.9×l_a/2=(1.53252×0.90×2)/2=1.379268kN$。

4. 杆件内力计算

其中，第二种情况为最不利的情况，以该情况下的杆件内力进行强度校核。

计算过程及结果如下：

（1）挂架的支座反力

$$R_{AV}=P_1+P_2=2.758536kN$$

$R_{AH}=R_{BH}=[P_1×0.9+P_2×0.45]/h=[1.379268×0.9+1.379268×0.45]/0.900=2.068902kN$。

（2）各杆件的轴向力计算，用截面法，求出桁架中各杆件的轴向力。根据桁架各杆件的几何关系可知：

$$θ=artan\ (H/l)=45.0°；$$

$S_1 = S_2 = P \times \cot\theta = 8.279\text{kN}$（拉杆）；

$S_3 = -P/\sin\theta = -11.709 \text{ kN}$（压杆）；

$S_4 = R_{BH} \times \tan\theta = 2.62297\text{kN}$（拉杆）。

（3）截面强度验算

对于①、②杆件，杆件承受拉力，$S_1 = S_2 = 8.279\text{kN}$，采用的材料是 5 号双槽钢，截面面积为 $A = 13.86\text{cm}^2$。

考虑到杆件之间连接的焊缝有一定的偏心，其容许内力乘以 0.95 的折减系数。

$\sigma = S_1/A = 8279/1386 = 5.97\text{N/mm}^2 < 0.95f = 0.95 \times 215 = 204.250\text{N/mm}^2$。

①、②杆件材料的强度能够满足要求。

对于杆件④，杆件承受拉力，$S_4 = 2.62297\text{kN}$，采用的材料是 5 号双槽钢，截面面积为 $A = 13.86\text{cm}^2$。

④杆件材料的受拉应力 $\sigma = S_4/A = 2622.97/1386.00 = 1.892\text{N/mm}^2 < 0.95f = 0.95 \times 215 = 204.250\text{N/mm}^2$。

④杆件材料的强度能够满足要求。

杆件的计算长度为：$l_0 = H = 0.7 \times 1000 = 700\text{mm}$，

材料的长细比 $\lambda = l_0/i = 36 < [\lambda] = 400$（《钢结构设计规范》GB 20017—2003）。

④杆件材料的长细比方面能够满足要求。

对于③杆件，杆件承受压力，其最大内力 $S_3 = -11.709\text{kN}$，采用的材料是 5 号槽钢，截面面积为 $A = 13.86\text{cm}^2$。

根据《钢结构设计规范》GB 50017—2003，该杆件在平面外的计算长度为：$l_0 = h/\sin\theta = 990\text{mm}$，回转半径为 $i = 1.53\text{cm}$，杆件材料的长细比 $\lambda = l_0/i = 65 < [\lambda] = 150$ 《钢结构设计规范》（GB 20017—2003）。

查《钢结构设计规范》GB 50017—2003 附录 C 表 C-2，得 $\phi = 0.90$，则：

$\sigma = 13.202/(\phi \times A) = 15.297\text{N/mm}^2 < 0.95f = 0.95 \times 215 = 204.250\text{N/mm}^2$

故③杆件在强度和容许长细比方面均满足要求。

5. 焊缝强度验算

取腹杆中内力最大的杆件 S_7 进行计算，$S_7 = 9.335\text{kN}$，根据《钢结构设计规范》GB 50017—2003 表 3.4.1-3，焊缝的轴心拉力或压力应满足以下条件：

$$\sigma = N/(l_w \times t') \leqslant f_w$$

式中　N——杆件内力值，$N = S_4 = 2.62297\text{kN}$；

l_w——焊缝的长度；

f_w——角焊缝的抗拉、抗压和抗剪强度设计值，取为 160N/mm²；

t'——焊缝的有效厚度。$t' = 0.5 \times t = 5.000\text{mm}$。

$\sigma = 2.62297 \times 1000/(40.00 \times 5.000) = 13.1149\text{N/mm}^2 < 160 \text{ N/mm}^2$

所以焊缝的强度满足要求。

6. 支座强度验算

（1）支座 A 采用 $\phi28$ 挂架螺栓强度等级为 4.8，挂架螺栓面积为 $A = \pi d^2/4$

$A = \pi d^2/4 = 615.44\text{mm}^2$。

对挂架螺栓受拉验算：

$R_{AH}=3.71kN$，$N_{tb}=170.000kN$，

$N_t=R_{AH}/A=3710/615.44=6.028N/mm^2<170.000N/mm^2$；

螺栓的受拉应力满足要求。

对挂架螺栓受剪验算：

$$R_{AV}=4.948kN，N_{vb}=120.000kN，$$

$$N_v=R_{AV}/A=4948/615.44=8.04N/mm^2<120.000N/mm^2；$$

螺栓的受剪应力满足要求。

对于同时承受杆轴方向拉力和剪力的普通螺栓，应满足以下条件：

$$[(N_v/N_{vb})^2+(N_t/N_{tb})^2]1/2\leqslant 1$$

公式中，N_t，N_v——普通螺栓所承受的拉力和剪力；

　　　　N_{tb}，N_{vb}——普通螺栓的受拉和受剪承载力设计值。

将数据代入公式计算得到 $0.141<1$；

螺栓的综合应力满足要求。

（2）A 支座处混凝土的局部受压验算

安装挂架时墙体的混凝土强度为 $f=1.200N/mm^2$；

$R_{AH}=3.71kN$，钢垫板的面积为 $A=10000.00mm^2$；

则此时的混凝土抗压承载力为：

$\sigma=R_{AH}/A=3710/10000.00=0.371N/mm^2<f=1.200N/mm^2$；

所以安装挂架时的混凝土的承载力满足要求。

四、外防护架施工安全操作工序

外防护架施工安全操作工序如图 6-20 所示。

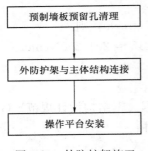

| 预制墙板预留孔清理 |
| 外防护架与主体结构连接 |
| 操作平台安装 |

图 6-20　外防护架施工
安全操作工序

预制墙板预留孔清理→外防护架与主体结构连接→操作平台安装。

（1）预留孔清理：在搭设外防护架前先对照图纸对墙体预制构件的预留孔洞进行清理，保证其通顺、位置正确，检查无误后方可进行外防护架搭设。

（2）外防护架与主体结构连接：三角挂架靠墙处采用螺母与预制墙体进行连接，三角挂架靠墙处下部直接支顶在结构外墙上，安装时首先将外防护架用螺母与预制墙体进行连接，使用钢板垫片与螺帽进行连接并拧紧。

（3）操作平台安装：铺设木制多层板，用 12 号铁镀锌铅丝与钢筋骨架绑扎牢固，离墙不应有缝隙，脚手板应对接铺设，对接接头处设置钢筋骨架加强，两步架体水平间距不大于 5cm，两步架体外防护处应用钢管进行封闭。

（4）挂架分组安装完毕后，应检查每个挂架连接件是否锁紧，检查组与组相交处连接钢管是否交叉，确认无误后方可进行下步施工，操作人员在安拆过程中安全带要挂在上部固定点处。

五、外防护架提升

操作人员在穿钢绳挂钩过程中需要系好安全带，在提升过程中外防护架上严禁站人。外架提升时应在地上组装好外架（按图纸长度组装好），检查外架是否与图纸有偏差、吊

点和外架焊接是否牢固，如发现有问题及时处理、处理好后再进行提升外架作业。挂架提升时，外墙上预留洞口必须先清理完毕，必须先挂好吊钩，然后提升架体，提升时设一道"安全绳"，确保操作人员安全，当架体吊到相应外墙预留穿墙孔洞时，停稳后，再用穿墙螺杆拧紧后再摘取挂钩钢绳，坠落范围内设警戒区专人看护。严格控制各组挂架的同步性，不能同步时必须在外防护架楼层设置防护栏杆、挂钢丝密目网进行封闭。外防护架提升前必须进行安全交底。

第七章　技术资料与工程验收

第一节　装配整体式混凝土结构施工验收划分

装配整体式混凝土结构施工验收与传统建筑施工验收的大致程序是一致的，仍按照混凝土结构子分部工程进行验收，其中装配式结构部分作为装配式结构分项工程进行验收。但是由于装配整体式混凝土结构采用的施工工艺与传统建筑不同，尤其是采用了大量的部品及预制构件，这就导致了装配整体式混凝土结构在施工中会产生一系列具有装配式建筑特点的资料。在本章中将会重点介绍装配整体式混凝土结构与传统建筑相区别的验收内容与相关技术资料。

装配整体式混凝土结构施工质量验收依据国家规范划分为单位（子单位）工程、分部（子分部）工程、分项工程和检验批来进行，装配整体式混凝土结构有关预制构件的相关工序可作为装配式结构分项工程进行资料整理，按照国家和地方规范、规程对于工程技术资料的编制整理原则，预制构件的技术资料当以体现整个生产过程中所使用材料以及不同材料组合半成品、成品的生产质量过程可追溯为原则，其中涉及装配整体式混凝土结构工程特点与目前规范要求不一致之处，应以各地区相关规定为准。

装配整体式混凝土结构施工质量验收合格标准叙述如下。

（1）检验批质量验收合格应符合下列规定：

1）主控项目的质量经抽样检验均应合格。

2）一般项目的质量经抽样检验合格，当采用计数抽样时，合格点率应符合有关专业验收规范的规定，且不得存在严重缺陷。

3）具有完整的施工操作依据、质量验收记录。

（2）分项工程质量验收合格应符合下列规定：

1）所含检验批的质量均应验收合格。

2）所含检验批的质量验收记录应完整。

（3）分部（子分部）工程验收合格应符合下列规定：

1）子分部工程所含分项工程的质量均应验收合格。

2）质量控制资料均应完整。

3）有关安全及功能的检验和抽样检测结果应符合有关规定。

4）观感质量验收应符合要求。

（4）单位（子单位）工程质量验收合格应符合下列规定：

1）单位（子单位）工程所含分部（子分部）工程的质量均应验收合格。

2）质量控制资料应完整。

3）单位（子单位）工程所含分部工程有关安全和功能的检测资料应完整。

4）主要功能项目的抽查结果应符合相关专业质量验收规范的规定。

5）观感质量验收应符合要求。

第二节 构件进场检验和安装验收

一、主体结构检验项目

预制构件生产企业应配备满足工作需求的质检员，质检员应具备相应的工作能力和建设主管部门颁发的上岗资格证书。预制构件在工厂制作过程中应进行生产过程质量检查、抽样检验和构件质量验收，并按相关规范的要求做好检查验收记录，见表7-1、表7-2。

装配整体式混凝土结构主体结构工程检验项目一览表　　　　　　　　表 7-1

序号	子分部工程	分项工程	检验批名称
1	混凝土结构	模板（01）	模板安装检验批质量验收记录
2			模板拆除检验批质量验收记录
3		钢筋（02）	钢筋原材料检验批质量验收记录
4			钢筋加工检验批质量验收记录
5			钢筋连接检验批质量验收记录
6			钢筋安装检验批质量验收记录
7		混凝土（03）	混凝土原材料检验批质量验收记录
8			混凝土配合比检验批质量验收记录
9			混凝土施工检验批质量验收记录
10		预应力（04）	预应力原材料检验批质量验收记录
11			预应力制作与安装检验批质量验收记录
12			预应力张拉与放张检验批质量验收记录
13			预应力灌浆与封锚检验批质量验收记录
14		现浇结构（05）	现浇结构外观及尺寸偏差检验批质量验收记录
15			混凝土设计基础外观及尺寸偏差检验批质量验收记录
16		装配式结构（06）	装配式结构预制构件检验批质量验收记录
17			装配式结构预制构件安装检验批质量验收记录
18			装配式结构预制构件拼缝防水节点检验批质量验收记录

装配整体式混凝土结构工程施工质量验收应划分为单位工程、分部（子分部）工程、分项工程和检验批进行验收。预制构件进场，使用方应进行进场检验，验收合格并经监理工程师批准后方可使用，在预制构件安装过程中，要对安装质量进行检查。本节将主要介绍构件进场及安装过程验收。

二、预制构件进场检验

（1）预制构件应在明显部位标明生产单位、构件型号、生产日期和质量验收标志，构件上的预埋件、插筋和预留孔洞的规格、位置和数量应符合标准图或设计要求。

检查数量：全数检查。

检验方法：观察，检查质量证明文件或质量验收记录。

装配式结构预制构件检验批质量验收记录表　　表 7-2

工程名称				检验批部位		施工执行标准 名称及编号							
施工单位				项目经理		专业工长							
执行标准			《混凝土结构工程施工质量验收规范》GB 50204—2015			施工单位检查评定记录							监理（建设） 单位验收记录
主控项目	1		预制构件应在明显部位标明生产单位、构件型号、生产日期和质量验收标志。构件上的预埋件、插筋和预留孔洞的规格、位置和数量应符合标准图或设计的要求		9.2.1条								
	2		预制构件的外观质量不应有严重缺陷		9.2.2条								
	3		预制构件不应有影响结构性能和安装、使用功能的尺寸偏差		9.2.3条								
一般项目	1		预制构件的外观质量不宜有一般缺陷		9.2.4条								
	2	项次	项目		允许偏差（mm）								
		长度		板、梁	+10，−5								
				柱	+5，−10								
				墙板	±5								
				薄腹梁、桁架	+15，−10								
		宽度、高（厚）度		板、梁、柱、墙板、薄腹梁、桁架	+5								
		侧向弯曲		梁、柱、板	$L/750$ 且≤20								
				墙板、薄腹梁、桁架	$L/1000$ 且≤20								
		预埋件		中心线位置	10								
				螺栓位置	5								
				螺栓外露长度	+10，−5								
		预留孔		中心线位置	5								
		预留洞		中心线位置	15								
		主筋保护层厚度		板	+5，−3								
				梁、柱、墙板、薄膜梁、桁架	+10，−5								
		对角线差		板、墙板	10								
		表面平整度		板、墙板、柱、梁	5								
		预应力构件预留孔道位置		梁、墙板、薄腹梁、桁架	3								
		翘曲		板	$L/750$								
				墙板	$L/1000$								
施工单位 检查评定结果		项目专业质量检查员 　　　　　　　　　　　　　　年　月　日											
监理（建设） 单位验收结论		监理工程师（建设单位项目专业技术负责人） 　　　　　　　　　　　　　　年　月　日											

（2）混凝土预制构件专业企业生产的预制构件进场时，预制构件结构性能检验应符合下列规定：

1）梁板类简支受弯预制构件进场时应进行结构性能检验。

2）对其他预制构件，除设计有专门要求外，进场时可不做结构性能检验。

3）对进场时不做结构性能检验的预制构件，应采取下列措施：

施工单位（或监理单位）代表应驻厂监督制作过程。

当无驻厂监督时，预制构件进场时应对预制构件主要受力钢筋数量、规格、间距及混凝土强度等进行实体检验。

检验数量：每批进场不超过1000个同类型预制构件为一批，在每批中应随机抽取一个构件进行检验。

检验方法：检查结构性能检验报告或实体检验报告。

注："同类型"是指同一钢种、同一混凝土强度等级、同一生产工艺和同一结构形式，抽取预制构件时，宜从设计荷载最大、受力最不利或生产数量最多的预制构件中抽取。

（3）预制构件的外观质量不应有严重缺陷，对已经出现的严重缺陷，应按技术处理方案进行处理，并重新检查验收。

检查数量：全数检查。

检验方法：观察，检查技术处理方案和记录。

（4）预制构件不应有影响结构性能和安装、使用功能的尺寸偏差，对超过尺寸允许偏差且影响结构性能和安装、使用功能的部位，应按技术处理方案进行处理，并重新检查验收。

检查数量：全数检查。

检验方法：量测，检查技术处理方案和记录。

（5）预制构件的外观质量不宜有一般缺陷，对已经出现的一般缺陷，应按技术处理方案进行处理，并重新检查验收。

检查数量：全数检查。

检验方法：观察，检查技术处理方案和记录。

（6）预制构件的尺寸偏差应符合规范的规定。

检查数量：同一类型的构件，不超过100件为一批，每批应抽查5%且不少于3件。装配式结构预制构件检验批质量验收记录见表7-2。

三、预制构件安装检验批

（一）预制梁、柱构件安装检验批

（1）预制构件安装临时固定及支撑措施应有效可靠，符合设计及相关技术标准要求。

检查数量：全数检查。

检查方法：观察检查。

（2）预制构件与预制构件、预制构件与主体结构之间的连接应符合设计要求，采用螺栓连接时应符合《钢结构工程施工质量验收规范》GB 50205及《混凝土用膨胀型、扩孔型建筑锚栓》JG 160的要求。

检查数量：全数检查。

检查方法：观察检查。

（3）预制构件与预制构件、预制构件与主体结构之间的连接应符合设计要求，采用埋件焊接连接时应符合现行国家标准《钢筋焊接及验收规程》JGJ 18 的要求。

检查数量：全数检查。

检查方法：观察检查、尺量检查、实验检验。

（4）施工现场半灌浆套筒（直螺纹钢筋套筒灌浆接头）应按照《钢筋机械连接技术规程》JGJ 107、制作钢筋螺纹套筒连接接头做力学性能检验，其质量必须符合有关规程的规定。

检查数量：同种直径每完成 500 个接头时制作一组试件，每组试件 3 个接头。

检查方法：检查接头力学性能试验报告。

（5）钢筋套筒接头灌浆料配合比应符合灌浆工艺及灌浆料使用说明书要求。

检查数量：全数检查。

检查方法：观察检查。

（6）钢筋连接套筒灌浆应饱满，灌浆时灌浆料必须冒出溢流口，采用专用堵头封闭后灌浆料不应有任何外漏。

检查数量：全数检查。

检查方法：观察检查。

（7）施工现场钢筋套筒接头灌浆料应留置同条件养护试块，试块强度应符合现行国家标准《水泥基灌浆材料应用技术规范》GB/T 50448 的规定。

检查数量：同种直径每班灌浆接头施工时留置一组试件，每组 3 个试块，试块规格为 40mm×40mm×160mm。

检查方法：检查试件强度试验报告。

（8）预制板类构件（含叠合板构件）安装的允许偏差应符合表 7-3 的规定。

预制板类构件（含叠合板构件）安装的允许偏差　　　　表 7-3

项　　目	允许偏差（mm）	检　验　方　法
预制构件水平位置偏差	5	基准线和钢尺检查
预制构件标高偏差	±3	水准仪或拉线、钢尺检查
预制构件垂直度偏差	3	2m 靠尺或吊垂
相邻构件高低差	3	2m 靠尺和塞尺检查
相邻构件平整度	4	2m 靠尺和塞尺检查
板叠合面	未损害、无浮沉	观察检查

检查数量：每流水段预制板抽样不少于 10 个点，且不少于 10 个构件。

检查方法：用钢尺和拉线等辅助量具实测。

（9）预制梁、柱安装的允许偏差应符合表 7-4 的规定。

预制梁、柱安装的允许偏差　　　　表 7-4

项　　目	允许偏差（mm）	检验方法
预制柱水平位置偏差	5	基准线和钢尺检查
预制柱标高偏差	3	水准仪或拉线、钢尺检查
预制柱垂直度	3 或 $H/1000$ 的较小值	2m 靠尺或吊线检查
建筑全高垂直度	$H/2000$	经纬仪检测
预制梁水平位置偏差	5	基准线和钢尺检查
预制梁标高偏差	3	水准仪或拉线、钢尺检查
梁叠合面	未损害、无浮沉	观察检查

检查数量：每流水段预制梁、柱构件抽样不少于 10 个点，且不少于 10 个构件。

检查方法：用钢尺和拉线等辅助量具实测。

（二）预制墙板构件安装检验批

预制墙板安装的允许偏差应符合表 7-5 的规定。

预制墙板安装的允许偏差 表 7-5

项 目	允许偏差（mm）	检验方法
单块墙板水平位置偏差	5	基准线和钢尺检查
单块墙板顶标高偏差	±3	水准仪或拉线、钢尺检查
单块墙板垂直度偏差	3	2m 靠尺
相邻墙板高低差	2	2m 靠尺和塞尺检查
相邻墙板拼缝空腔构造偏差	±3	钢尺检查
相邻墙板平整度偏差	4	2m 靠尺和塞尺检查
建筑物全高垂直度	$H/2000$	经纬仪检查

检查数量：每流水段预制墙板抽样不少于 10 个点，且不少于 10 个构件。

检查方法：用钢尺和拉线等辅助量具实测。

预制板类构件（含叠合板构件）安装检验批质量验收见表 7-6。

预制板类构件（含叠合板构件）安装检验批质量验收记录表 表 7-6

单位（子单位）工程名称					
分部（子分部）工程名称				验收部位	
施工单位				项目经理	
执行标准名称及编号		《装配式混凝土结构工程施工与质量验收规程》DB11T 1030—2013			
		施工质量验收规程的规定		施工单位检查评定记录	监理（建设）单位验收记录
主控项目	1	预制构件安装临时固定措施	第 9.3.9 条		
	2	预制构件螺栓连接	第 9.3.10 条		
	3	预制构件焊接连接	第 9.3.11 条		
一般项目	1	预制构件水平位置偏差（mm）	5		
	2	预制构件标高偏差（mm）	±3		
	3	预制构件垂直度偏差（mm）	3		
	4	相邻构件高低差（mm）	3		
	5	相邻构件平整度（mm）	4		
	6	板叠合面	未损害、无浮灰		
施工单位检查评定结果		专业工长（施工员）		施工班组长	
		项目专业质量检查员：			年 月 日
监理（建设）单位验收结论		专业监理工程师（建设单位项目专业技术负责人）：			年 月 日

预制梁、柱构件安装检验批质量验收见表 7-7。

预制梁、柱构件安装检验批质量验收记录表 表 7-7

单位（子单位）工程名称										
分部（子分部）工程名称						验收部位				
施工单位						项目经理				
执行标准名称及编号		《装配式混凝土结构工程施工与质量验收规程》DB11T 1030—2013								
施工质量验收规程的规定				施工单位检查评定记录						监理（建设）单位验收记录
主控项目	1	预制构件安装临时固定措施	第 9.3.9 条							
	2	预制构件螺栓连接	第 9.3.10 条							
	3	预制构件焊接连接	第 9.3.11 条							
	4	套筒灌浆机械接头力学性能	第 9.3.12 条							
	5	套筒灌浆接头灌浆料配合比	第 9.3.13 条							
	6	套筒灌浆接头灌浆饱满度	第 9.3.14 条							
	7	套筒灌浆料同条件试块强度	第 9.3.15 条							
一般项目	1	预制柱水平位置偏差（mm）	5							
	2	预制柱标高偏差（mm）	3							
	3	预制柱垂直度偏差（mm）	3 或 $H/1000$ 的较小值							
	4	建筑全高垂直度（mm）	$H/2000$							
	5	预制梁水平位置偏差（mm）	5							
	6	预制梁标高偏差（mm）	3							
	7	梁叠合面	未损害、无浮灰							
施工单位检查评定结果		专业工长（施工员）				施工班组长				
		项目专业质量检查员：							年 月 日	
监理（建设）单位验收结论		专业监理工程师（建设单位项目专业技术负责人）：							年 月 日	

预制墙板构件安装检验批质量验收见表7-8。

预制墙板构件安装检验批质量验收记录表 表 7-8

单位（子单位）工程名称					
分部（子分部）工程名称				验收部位	
施工单位				项目经理	
执行标准名称及编号		《装配式混凝土结构工程施工与质量验收规程》DB11T 1030—2013			
		施工质量验收规程的规定		施工单位检查评定记录	监理（建设）单位验收记录
主控项目	1	预制构件安装临时固定措施	第9.3.9条		
	2	预制构件螺栓连接	第9.3.10条		
	3	预制构件焊接连接	第9.3.11条		
	4	套筒灌浆机械接头力学性能	第9.3.12条		
	5	套筒灌浆接头灌浆料配合比	第9.3.13条		
	6	套筒灌浆接头灌浆饱满度	第9.3.14条		
	7	套筒灌浆料同条件试块强度	第9.3.15条		
一般项目	1	单块墙板水平位置偏差（mm）	5		
	2	单块墙板顶标高偏差（mm）	±3		
	3	单块墙板垂直度偏差（mm）	3		
	4	相邻墙板高低差（mm）	2		
	5	相邻墙板拼缝空腔构造偏差（mm）	±3		
	6	相邻墙板平整度偏差（mm）	4		
	7	建筑物全高垂直度（mm）	$H/2000$		
施工单位检查评定结果		专业工长（施工员）		施工班组长	
		项目专业质量检查员：			年 月 日
监理（建设）单位验收结论		专业监理工程师（建设单位项目专业技术负责人）：			年 月 日

（三）预制构件节点与接缝防水检验批

外墙板接缝的防水性能应符合设计要求。

检查数量：按批检验，每1000m²外墙面积应划分为一个检验批，不足1000m²时也应划分为一个检验批，每个检验批每100m²应至少抽查一处，每处不得少于10m²。

检验方法：检查现场淋水试验报告。

预制构件接缝防水节点检验批质量验收记录表见表7-9。

预制构件节点与接缝检验批质量验收记录表 表 7-9

单位（子单位）工程名称					
分部（子分部）工程名称				验收部位	
施工单位				项目经理	
执行标准名称及编号		《装配式混凝土结构工程施工与质量验收规程》DB11T 1030—2013			
施工质量验收规程的规定				施工单位检查 评定记录	监理（建设） 单位验收记录
主控项目	1	预制构件与模板间密封	第9.3.19条		
	2	防水材料质量证明文件及复试报告	第9.3.20条		
	3	密封胶打注	第9.3.21条		
一般项目	1	防水节点基层	第9.3.22条		
	2	密封胶胶缝	第9.3.23条		
	3	防水胶带粘接面积、搭接长度	第9.3.24条		
	4	防水节点空腔排水构造	第9.3.25条		
施工单位 检查评定结果	专业工长（施工员）			施工班组长	
	项目专业质量检查员：				年　月　日
监理（建设） 单位验收结论	专业监理工程师 （建设单位项目专业技术负责人）：				年　月　日

（1）预制墙板拼接水平节点钢制模板与预制构件之间、构件与构件之间应粘贴密封条，节点处模板位置在混凝土浇筑时不应产生明显变形和漏浆现象。

检查数量：全数检查。

检验方法：观察检查。

（2）预制构件拼缝处防水材料应符合设计要求，并具有合格证及检测报告，与接触面材料进行相容性试验，必要时提供防水密封材料进场复试报告。

检查数量：全数检查。

检验方法：观察检查。

（3）密封胶打注应饱满、密实、连续、均匀、无气泡，宽度和深度符合要求。

检查数量：全数检查。

检验方法：观察检查、钢尺检查。

（4）预制构件拼缝防水节点基层应符合设计要求。

检查数量：全数检查。

检验方法：观察检查。

（5）密封胶缝应横平竖直、深浅一致、宽窄均匀、光滑顺直。

检查数量：全数检查。

检验方法：观察检查。

（6）防水胶带粘贴面积、搭接长度、节点构造应符合设计要求。

检查数量：全数检查。

检验方法：观察检查。

（7）预制构件拼缝防水节点空腔排水构造应符合设计要求。

检查数量：全数检查。

检验方法：观察检查。

四、分项工程质量验收记录

当各分项所含检验批均验收合格且验收记录完整，应及时编制整理分项工程质量验收记录资料，见表7-10。

分项工程质量验收记录　　　　　　　　　　　　　　　　　　表 7-10

工程名称		结构类型		检验批数	
施工单位		项目经理		项目技术负责人	
分包单位		分包单位负责人		分包项目经理	
序号	检验批部位、区段	施工单位评定结果		监理（建设）单位验收结论	
1					
2					
3					
4					
5					
6					
7					
8					
9					
检查结论	项目专业技术负责人： 年　　月　　日		验收结论	监理工程师： （建设单位项目技术负责人） 年　　月　　日	

注：本表由施工项目专业质量检查员填写。

第三节 主体施工资料

装配整体式混凝土结构施工前，施工单位应根据工程特点和有关规定，编制专项施工方案，并进行施工技术交底。施工现场应具有健全的质量管理体系、相应的施工技术标准、施工质量检验制度和综合施工质量控制考核制度。在施工过程中编制整理施工日志、施工记录、隐蔽工程验收记录及检验批、分项、分部、单位工程验收记录等全部资料。

一、预制构件进场验收资料

（一）构件验收资料

（1）预制构件出厂交付使用时，应向使用方提供以下验收材料：

1）预制构件隐蔽工程质量验收表。

2）预制构件出厂质量验收表。

3）钢筋进场复验报告。

4）混凝土留样检验报告。

5）保温材料、拉结件、套筒等主要材料进厂复验报告。

6）产品合格证。

7）产品说明书。

8）其他相关的质量证明文件等资料。

（2）预制构件生产企业应按照有关标准规定或合同要求，对供应的产品签发质量证明书，明确重要技术参数，有特殊要求的产品还应提供安装说明书，预制构件生产企业的产品合格证应包括下列内容：

1）合格证编号、构件编号。

2）产品数量。

3）预制构件型号。

4）质量情况。

5）生产企业名称、生产日期、出厂日期。

6）质检员、质量负责人签名。

对工厂生产的预制构件，进场时应检查其质量证明文件和表面标识（吊点标识、吊点方向），预制构件的质量、标识应符合设计要求及现行国家相关标准规定。

（二）原材料验收资料

钢筋、水泥、钢筋套筒、灌浆料、防水密封材料等需检查质量证明文件和抽样检验报告。

灌浆套筒进场时，应查验依据《钢筋连接用灌浆套筒》JG/T 398—2012 所做的检验报告，抽取套筒采用与之匹配的灌浆料制作对中连接接头，并做抗拉强度检验，检验结果应符合《钢筋机械连接技术规程》JGJ 107 中 I 级接头对抗拉强度的要求。

灌浆套筒检验批：同一原材料、同一炉（批）号、同一类型、同一规格的灌浆套筒检验批量不应大于 1000 个，每批随机抽取 3 个灌浆套筒制作接头，并应制作不少于 1 组 40mm×40mm×160mm 浆料强度试件。

二、装配整体式混凝土结构工程验收资料

（1）装配整体式混凝土结构工程验收时应提供以下资料：

1）工程设计单位已确认的预制构件深化设计图、设计变更文件。

2）装配式结构工程施工所用各种材料及预制构件的各种相关质量证明文件。

3）预制构件安装施工验收记录。

4）钢筋套筒灌浆连接的施工检验记录。

5）连接构造节点的隐蔽工程检查验收文件。

6）后浇注节点的混凝土或灌浆浆体强度检测报告。

7）密封材料及接缝防水检测报告。

8）分项工程验收记录。

9）装配式结构实体检验记录。

10）工程重大质量问题的处理方案和验收记录。

11）其他质量保证资料。

（2）装配式混凝土结构工程应在安装施工过程中完成下列隐蔽项目的现场验收，并形成隐蔽验收记录：

1）混凝土粗糙面的质量，键槽的尺寸、数量、位置。

2）钢筋的牌号、规格、数量、位置、间距，箍筋弯钩的弯折角度及水平段长度，钢筋的连接方式、接头位置、接头数量、接头面积百分率、搭接长度、锚固方式及锚固长度，预埋件、预留插筋、预留管线及预留孔洞的规格、数量、位置，灌浆接头等。

3）预制混凝土构件接缝处防水、防火做法。

（3）当装配式混凝土结构工程施工质量不符合要求时，应按下列规定进行处理，并形成资料。

1）经返工、返修或更换构件、部件的检验批，应重新进行检验。

2）经有资质的检测单位检测鉴定达到设计要求的检验批，应予以验收。

3）经有资质的检测单位检测鉴定达不到设计要求，但经原设计单位核算并确认仍可满足结构安全和使用功能的检验批，可予以验收。

4）经返修或加固处理能够满足结构安全使用要求的分项工程，可根据技术处理方案和协商文件进行验收。

三、结构实体检验资料

对涉及混凝土结构安全的有代表性的部位应进行结构实体检验，检验应在监理工程师见证下，由施工单位的项目技术负责人组织实施，承担结构实体检验的检测单位应具有相应资质。

结构实体检验的内容包括预制构件结构性能检验和装配式结构连接性能检验两部分，装配式结构连接性能检验包括连接节点部位的后浇混凝土强度、钢筋套筒连接或浆锚搭接连接的灌浆料强度、钢筋保护层厚度、结构位置与尺寸偏差以及工程合同规定的项目，必要时可检验其他项目。

后浇混凝土的强度检验，应以在浇筑地点制备并与结构实体同条件养护的试件强度为依据，后浇混凝土的强度检验，按国家现行有关标准的规定进行。

灌浆料的强度检验，应以在灌注地点制备并标准养护的试件强度为依据。

对钢筋保护层厚度检验，抽样数量、检验方法、允许偏差和合格条件应符合现行国家标准《混凝土结构工程施工质量验收规范》GB 50204 的规定。

当同条件养护的混凝土试件的强度检验结果符合现行国家标准《混凝土强度检验评定标准》GB/T 50107 的有关规定时，混凝土强度应判为合格；当未能取得同条件养护试件强度、同条件养护试件强度被判为不合格或钢筋保护层厚度不满足要求时，应委托具有相应资质等级的第三方检测机构按国家有关标准规定进行检测复核。

第四节　装饰装修资料

一、墙面装修验收资料

（一）外墙

外墙装修验收时应提供以下资料：

外墙装修设计文件、外墙板安装质量检查记录、施工试验记录（包括外墙淋水、喷水试验）、隐蔽工程验收记录及其他外墙装修质量控制文件，预制外墙板及外墙装修材料部品认定证书和产品合格证书、进场验收记录、性能检测报告，保温材料复试报告、面砖及石材拉拔试验等相关文件。

（二）内墙

内墙装修验收时应提供以下资料：

预制内隔墙板及内墙装修材料产品合格证书、进场验收记录、性能检测报告。

内墙装修设计文件、预制内隔墙板安装质量检查记录、施工试验记录、隐蔽工程验收记录及其他内墙装修质量控制文件。

二、楼面装修验收资料

楼面装修验收时应提供以下资料：

预制构件、楼面装修材料及其他材料质量证明文件和抽样试验报告。

楼面装修设计文件、施工试验记录、隐蔽验收记录、地面质量验收记录及其他楼面装修质量控制文件。

三、顶棚装修验收资料

顶棚装修验收时应提供以下资料：

顶棚装修材料及其他材料的质量证明文件和抽样试验报告，顶棚装修设计文件，顶棚隐蔽验收记录，顶棚装修施工记录及其他顶棚装修质量控制文件。

四、门窗验收资料

门窗装修验收时应提供以下资料：

门窗框、门窗扇、五金件及密封材料的质量证明文件和抽样试验报告，门窗安装隐蔽验收记录、门窗试验记录、施工记录及其他门窗安装质量控制文件。

第五节　安装工程资料

一、给排水及采暖施工验收资料

在装配整体式结构中给排水及采暖工程的安装形式有明装和暗装（在预制构件上留

槽），根据《装配式混凝土结构技术规程》JGJ 1—2014 中的要求，管道宜明装设置，根据安装形式的不同，所需要的验收资料也有所不同，明装管道按照《建筑给水排水及采暖工程施工质量验收规范》GB 50242—2002 执行，暗装管道施工的技术资料要增加一些内容。

（一）预制构件厂家应提供的资料

预埋管道的构件在构件进场验收时，构件厂家应提交管材、管件的合格证、出厂（型式）检验报告、复试报告等质量合格证明资料，管道布置图纸，隐蔽验收记录，管道系统水压试验记录等质量控制性资料。

暗装管道的留槽布置图，留槽位置、宽度、深度应有记录，并移交施工单位。

（二）进场验收实体检查项目

检查数量应符合《装配整体式混凝土结构工程施工与质量验收规程》DB37/T 5019—2014 的要求，检查项目有管材管件的技术参数、规格型号、位置、坐标和观感质量等，留槽位置、宽度、深度和长度等，预留孔洞的坐标、数量和尺寸，预埋套管、预埋件其规格、型号、尺寸和位置。

所有检查项目要符合设计要求，进场时应提交相关记录，做好进场验收记录，双方签字，并经过监理工程师（建设单位代表）验收。

（三）现场施工资料要求

除按《装配整体式混凝土结构工程施工与质量验收规程》DB37/T 5019—2014 规定外，还应有现场安装管道与预埋管道连接的隐蔽验收记录，内容应包括管材、管件的技术参数、规格、型号、接口形式、坐标位置、防腐、穿越等情况，管线穿过楼板的部位的防水、防火、隔声等措施。

隐蔽验收工程应按系统或工序进行，现场施工部分检验批与预制构件部分检验批分别验收，以利于资料编制整理的系统性。

（四）给排水及采暖技术资料

（1）材料质量合格证明文件。

包括管材、管件等原材料以及焊接、防腐、防水、粘接、隔热等辅材的合格证、出厂或型式检验报告、复试报告等。

（2）施工图资料。

包括深化设计图纸、设计变更，管道、留槽、预埋件、预留洞口的布置图等。

（3）施工组织设计或施工方案。

（4）技术交底。

（5）施工日志。

（6）预检记录。

包括管道及设备位置预检记录，预留孔洞、预埋套管、预埋件的预检记录等。

（7）隐蔽工程检查验收记录。

包括预制构件内管道、现场安装与预制构件内管道接口、现场安装暗装管道、预埋件、预留套管等下一道工序隐蔽上一道的工序的均应做隐蔽工程检查验收记录，隐蔽工程验收场应按系统、工序进行。

（8）施工试验记录。

包括室内给排水管道水压试验（预制构件内管道由生产构件厂家试验并提供试验记

录、现场安装由施工单位试验、系统水压试验由施工单位试验），阀门、散热器、太阳能集热器、辐射板试验、室内热水及采暖管道系统试验、给排水管道系统冲洗、室内供暖管道的冲洗、灌水试验、通球试验、通水试验、卫生器具盛水试验等。

（9）施工记录。

包括管道的安装记录，管道支架制作安装记录，设备、配件、器具安装记录，防腐、保温等施工记录。

（10）班组自检、互检、交接检记录。

（11）工程质量验收记录。

包括检验批、分项、分部、单位工程质量验收记录。

二、建筑电气施工验收资料

建筑电气分部工程施工验收资料主要针对建筑结构阶段的电气施工进行介绍。

（一）预制构件生产单位应提供的资料

预埋于构件中的电气配管，进场验收时构件生产单位应提交管材、箱盒及附件的合格证及检验报告等质量证明材料，以及线路布置图及隐蔽验收记录等质量控制资料。

（二）进场验收实体检查项目

检查数量应符合《装配整体式混凝土结构工程施工与质量验收规程》DB37/T 5019—2014 的要求，检查项目有管材、箱盒及附件的规格型号、位置、坐标、线管的出构件长度、线盒的出墙高度、线管导通和观感质量等，预留箱盒及洞口的坐标、尺寸和位置。

对图纸进行深化设计，所有项目应符合设计要求，进场时应提交相关记录，做好进场验收记录，双方签字，并通过监理（建设）单位验收。

（三）现场施工资料要求

除按《装配整体式混凝土结构工程施工与质量验收规程》DB37/T 5019—2014 的规定外，构件内的线管甩头位置应准确，甩头长度能满足施工要求，便于现场安装线管与其连接，线管的接头应做隐蔽验收记录，竖向电气管线宜统一设置在预制墙板内，严禁现场剔槽，墙板内竖向电气管线布置应保持安全间距，应对图纸进行深化设计，PK 板上合理布置线管，减少管线交叉和过度集中，避免管线交叉部位与桁架钢筋重叠现象，解决后浇叠合层混凝土局部厚度和平整度误差超标问题，施工时严禁在 PK 板上开槽、凿洞，以免影响构件的结构受力。

建筑物防雷工程施工按《建筑物防雷工程施工与质量验收规范》GB 50601 和《建筑电气工程施工质量验收规范》GB 50303 执行。

现场施工部分检验批要与预制构件部分检验批分别验收，以利于资料编制整理的系统性。

（四）建筑电气技术资料

（1）材料质量合格证明文件。

在建筑电气施工中所使用的产品，国家实行强制性产品认证，其电气设备上统一使用CCC 认证标志，并附有合格证件，质量合格证明材料包括管材、箱盒及附件的合格证、CCC 认证、出厂检验报告或型式检验报告等质量证明资料。

（2）施工图资料。

包括深化设计图纸、设计变更，线管、箱盒、预留孔洞、预埋件等布置图等。

（3）施工组织设计或施工方案。

（4）技术交底。

（5）施工日志。

（6）预检记录。

包括电气配管安装预检记录，开关、插座、灯具的位置、标高预检记录，预留孔洞、预埋件的预检记录等。

（7）隐蔽工程检查验收记录。

包括预制构件内配管、现场施工与预制构件内配管接口、现场施工暗配管、防雷接地、防雷引下线等均应做隐蔽工程检查验收记录。

（8）施工试验记录。

包括绝缘电阻测试记录，接地电阻测试记录，电气照明系统、动力系统试运行试验记录，电气照明器具通电安全检查记录。

（9）施工记录。

主要包括电气配管施工，穿线安装检查，电缆终端安装，中间接头安装，照明灯具安装，接地装置安装，防雷装置安装，避雷带、均压环安装等。

（10）班组自检、互检、交接检记录。

（11）工程质量验收记录。

包括检验批、分项、分部、单位工程质量验收记录。

第六节　围护结构节能验收资料

建筑节能方面装配式结构在外墙板保温、外墙的接缝、梁柱接头、外门窗固定和接缝部位与现浇结构施工不同，在资料管理方面也要根据施工内容、施工方法和施工过程的不同编制相应的技术资料。根据现行国家标准《建筑节能工程施工质量验收规范》GB 50411规定，建筑节能资料应单独立卷，满足建筑节能验收资料的要求。

一、外墙板保温层验收资料

装配式结构外墙板的保温层与结构同时施工，无法分别验收，应与主体结构一同验收，但验收资料应按结构和节能分开，验收时结构部分应符合相应的结构规范，而节能工程部分应符合《建筑节能工程施工质量验收规范》GB 50411的要求，并单独编制整理节能资料，收集到节能分部资料档案中。

（一）预制构件厂家应提供的资料

进场验收主要是对其品种、规格、外观和尺寸等"可视质量"和技术资料进行核查验收，其内在质量则需由各种检测试验资料加以证明。

进场验收工作的一项重要内容是对各种原材料的技术资料进行检查，这些技术资料主要包括质量合格证明文件、中文说明书及相关性能检测报告，进口材料和设备应按规定提供出入境商品检验资料。

墙体节能工程使用的保温材料，其导热系数、密度、抗压强度或压缩强度、燃烧性能应符合节能设计要求。

夹心外墙板中的保温材料，其导热系数不宜大于 $0.040W/(m \cdot K)$，体积比吸水率不宜大于 0.3%，燃烧性能不应低于国家标准《建筑材料及制品燃烧性能分级》GB 8624—2012 中 B₂ 级的要求。

夹心外墙板中内外叶墙板的金属及非金属材料拉结件均应具有规定的承载力、变形和耐久性能，并应经过试验验证，拉结件应满足夹心外墙板的节能设计要求。

对夹心外墙板，应绘制内外叶墙板的拉结件布置图及保温板排板图，并有隐蔽验收记录。

预制保温墙板产品及其安装性能应有型式检验报告，保温墙板的结构性能、热工性能及与主体结构的连接方法应符合设计要求。

（二）复合外墙板进场验收项目

检查数量应符合现行国家标准《装配整体式混凝土结构工程施工与质量验收规程》DB37/T 5019—2014 和《建筑节能工程施工质量验收规范》GB 50411 的要求，检查项目有夹心外墙板的保温层位置、厚度，拉结件的类别、规格、数量、位置等，预制保温墙板与主体结构连接形式、数量、位置等。

进场验收必须经监理工程师（建设单位代表）核准，形成相应的质量记录。

（三）现场施工单位应提交的资料

墙体节能工程各层构造做法均为隐蔽工程，因此对于隐蔽工程验收应随做随验，并做好记录，检查的内容主要是墙体节能工程各层构造做法是否符合设计要求，以及施工工艺是否符合施工方案要求，现场浇筑部位的保温层厚度，拉结件的位置、数量等都应符合设计要求，随施工进度及时进行隐蔽验收，即每处（段）隐蔽工程都要对隐蔽工序进行验收，不应后补，根据《建筑节能工程施工质量验收规范》GB 50411 的要求，按不同的施工方法、工序合理划分检验批，宜按分项工程进行验收，编制整理节能验收资料。

二、外墙局部保温处理资料

外墙局部保温所涉及的内容主要有外墙板的接缝、接头、洞口、造型等部位的节能保温措施，这些施工内容多为现场施工，主要是现场施工和原料的技术资料，但个别预制构件附带的材料和包含的技术措施需要预制构件厂家提供技术资料，外墙局部保温的检查验收应随同外墙节能一块检查验收。

（1）外墙热桥部位，应按节能设计要求采取节能保温等隔断热桥措施。

（2）外墙板接缝处的密封材料应符合下列规定：

1）密封胶应与混凝土具有相容性，满足设计规定的抗剪切和伸缩变形性能，密封胶应具有防霉、防水、防火、耐候等性能。

2）硅酮、聚氨酯、聚硫等建筑密封胶应分别符合现行国家标准《硅酮建筑密封胶》GB/T 14683、《聚氨酯建筑密封胶》JC/T 482、《聚硫建筑密封胶》JC/T 483 的规定。

3）夹心外墙板接缝处填充用保温材料的燃烧性能能满足现行国家标准《建筑材料及制品燃烧性能分级》GB 8624—2012 中 A 级材料的要求。

（3）采用预制保温墙板现场安装组成保温墙体，在组装过程容易出现连接、渗漏等问题，所以预制保温墙板应有型式检验报告，包括保温墙板的结构性能、热工性能等均应合格，墙板与主体结构的连接方法应符合设计要求，墙板的板缝、构造节点及嵌缝做法应与节点设计要求一致。

（4）外墙附墙或挑出部件如梁、过梁、柱、附墙柱、女儿墙、外墙装饰线、墙体内箱盒、管线等均是容易产生热桥的部位，对于墙体总体保温效果有一定影响，应按节能设计要求采取隔断热桥或节能保温措施。

（5）外墙和毗邻不采暖空间墙体上的门窗洞口四周墙面，凸窗四周墙面或地面，这些部位容易出现热桥或保温层缺陷，应按设计要求采取隔断热桥或节能保温措施，当设计未对上述部位提出要求时，施工单位应与设计、建设或监理单位联系，确认是否应采取处理措施。

三、外门窗节能验收资料

建筑外窗的气密性、保温性能、中空玻璃露点应符合节能设计要求，并提供试验报告。

金属外门窗隔断热桥措施应符合设计要求和产品标准的规定，金属副框的隔断热桥措施应与门窗框的隔断热桥措施相当，做好相应的施工记录。

外门窗应采用标准化部件，宜采用预留副框或预埋件等方法与墙体可靠连接，外门窗框或副框与洞口之间的间隙应采用弹性闭孔材料填充饱满，并使用密封胶密封，外门窗框与副框之间的缝隙应使用密封胶密封，及时进行隐蔽验收。

以上试验报告检测依据下列国家标准：

（1）GB/T 2680 可见光透射比、太阳光直接透射比、太阳能总透射比、紫外线透射比及有关窗玻璃参数的测定。

（2）GB/T 5824 建筑门窗洞口尺寸系列。

（3）GB/T 7106 建筑外门窗气密、水密、抗风压性能分级及其检测方法。

（4）GB 16776 建筑用硅酮结构密封胶。

（5）JGJ 113 建筑玻璃应用技术规程。

四、围护结构节能技术资料

（1）材料质量合格证明文件。

包括材料和设备的合格证、中文说明书、性能检测报告，定型产品和成套技术应有型式检验报告，进口材料和设备的商检报告，材料和设备的复试报告。

（2）施工图资料。

包括深化设计图纸、设计变更、保温板排布图、拉结件布置图、热桥部位节点措施详图。

（3）施工组织设计或施工方案。

每个工程的施工组织设计中都应列明本工程节能施工的有关内容以便规划、组织和指导施工，编制专门的建筑节能工程施工技术方案，经监理单位审批后实施。

（4）技术交底。

建筑装配化施工和节能工程施工，作业人员的操作技能对节能工程施工质量影响很大，施工前必须对相关人员进行技术培训和交底，以及实际操作培训，技术交底和培训均应留有记录资料。

（5）施工日志。

（6）预检记录。

包括预制构件保温材料厚度、位置、尺寸预检记录，热桥部位处理措施预检记录，外门窗安装预检记录。

（7）隐蔽工程检查验收记录。

包括夹芯板保温层、拉结件、加强网、墙体热桥部位构造措施、预制保温板的接缝和构造、嵌缝做法、门窗洞口四周节能保温措施、门窗的固定等。

（8）施工试验记录。

墙体节能工程使用的保温隔热材料，其导热系数、密度、抗压强度或压缩强度、燃烧性能，拉结件的锚固力试验，保温浆料的同条件养护试件试验，预制保温墙板的型式检验报告中应包含安装性能的检验，墙板接缝淋水试验，建筑外窗的气密性、保温性能、中空玻璃露点、现场气密性试验等，外墙保温板拉结件的相关试验应按相关标准进行。

（9）施工记录。

预制构件拼装施工记录，现场浇筑部分施工记录，构件接缝施工记录，外门窗施工记录，热桥部位施工记录。

（10）班组自检记录。

（11）工程质量验收记录。

节能的项目应单独填写检查验收资料，做出节能项目检查验收记录并单独组卷，质量验收记录包括分项、分部工程质量验收记录，当分项工程较大时可以分为多个检验批验收。

第七节　工　程　验　收

一、过程验收（验收划分）

1. 地基与基础工程验收包括的内容

无支护土方、有支护土方、地基及基础处理、桩基、地下防水、混凝土基础、砌体基础、劲钢（管）混凝土、钢结构等、地基与基础处理。

2. 地基与基础工程验收所需条件

工程实体按要求完工；工程技术资料齐全；各种问题已经整改完成；相关人员与机构均签字认可。

施工单位报告应由项目经理和施工单位负责人审核、签字、盖章。

监理单位报告应当由总监和监理单位有关负责人审核、签字、盖章。

3. 地基与基础工程验收组织及验收人员

由建设单位负责组织实施建设工程主体验收工作，政府工程质量监督主管部门应对建设工程主体验收实施监督，工程的施工、监理、设计、勘察等单位均应参加验收。

验收人员：由建设单位负责组织主体验收小组，验收组组长由建设单位法人代表或其委托的负责人担任，验收组副组长应至少有一名工程技术人员担任，验收组成员由建设单位负责人、项目现场管理人员及勘察、设计、施工、监理单位项目技术负责人或质量负责人组成。

4. 地基与基础工程验收的程序

建设工程地基与基础工程验收按施工企业自评、设计认可、监理核定、业主验收、政府监督的程序进行。

总监理工程师（建设单位项目负责人）组织对地基与基础分部工程验收时，必须有以下人员参加：总监理工程师、建设单位项目负责人、设计单位项目负责人、勘察单位项目负责人、施工单位技术质量负责人及项目经理等。

5. 地基与基础工程验收的结论

参建责任方签署的地基与基础工程质量验收记录，应在签字盖章后3个工作日内由项目监理人员报送质监站存档。

当在验收过程参与工程结构验收的建设、施工、监理、设计、勘察单位各方不能形成一致意见时，应当协商提出解决方案，待意见一致后，重新组织工程验收。

地基与基础工程未经验收或验收不合格，责任方擅自进行上部施工的，应签发局部停工通知书责令整改，并按有关规定处理。

6. 主体结构验收组织及验收人员

（1）由建设单位负责组织实施建设工程主体验收工作，建设工程质量监督部门对建设工程主体验收实施监督，该工程的施工、监理、设计等单位参加。

（2）验收人员：由建设单位负责组织主体验收小组，验收组组长由建设单位法人代表或其委托的负责人担任，验收组副组长应至少有一名工程技术人员担任，验收组成员由建设单位负责人、项目现场管理人员及设计、施工、监理单位项目技术负责人或质量负责人组成。

7. 主体工程验收的程序

建设工程主体验收按施工单位自评、勘察与设计认可、监理核定、业主验收、政府监督的程序进行。

（1）施工单位主体结构工程完工后，向建设单位提交建设工程质量施工单位（主体）报告，申请主体工程验收。

（2）监理单位核查施工单位提交的建设工程质量施工单体（主体）报告，对工程质量情况作出评价，填写建设工程主体验收监理评估报告。

（3）建设单位审查施工单位提交的建设工程质量施工单位（主体）报告，对符合验收要求的工程，组织设计、施工、监理等单位的相关人员组成验收组。

（4）建设单位在主体工程验收3个工作日前将验收的时间、地点及验收组名单报至质监站。

（5）建设单位组织验收组成员在质监站监督下在规定的时间内完成全面验收。

二、竣工验收

（一）工程竣工验收准备工作

（1）工程竣工预验收（由监理公司组织，建设单位、施工单位参加）：工程竣工后，监理工程师按照施工单位自检验收合格后提交的《单位工程竣工预验收申请表》，审查资料并进行现场检查，项目监理部就存在的问题提出书面意见，并签发《监理工程师通知书》（注：需要时填写），要求施工单位限期整改，施工单位整改完毕后，按有关文件要求，编制《建设工程竣工验收报告》交监理工程师检查，由项目监理机构将竣工预验收的情况书面报告建设单位，由建设单位组织竣工验收。

（2）工程竣工验收（由建设单位负责组织实施，工程勘察、设计、施工、监理等单位参加）：

1）施工单位：

施工单位编制《建设工程竣工验收报告》。

工程技术资料（验收前 20 个工作日）。

2）监理公司：编制《工程质量评估报告》。

3）勘察单位：编制质量检查报告。

4）设计单位：编制质量检查报告。

5）建设单位：取得规划、公安消防、环保、燃气工程等专项验收合格文件。主管部门出具的电梯验收准用证。

提前 15 日把《工程技术资料》和《工程竣工质量安全管理资料送审单》交监督站（监督站返回《工程竣工质量安全管理资料退回单》给建设单位）。

工程竣工验收前 7 天将验收时间、地点、验收组名单以书面通知监督站。

（二）工程竣工验收必备条件：

（1）完成工程设计和合同约定的各项内容。

（2）《建设工程竣工验收报告》。

（3）《工程质量评估报告》。

（4）勘察单位和设计单位质量检查报告。

（5）有完整的技术档案和施工管理资料。

（6）有工程使用的主要建筑材料、建筑构配件和设备的进场试验报告。

（7）建设单位已按合同约定支付工程款。

（8）有施工单位签署的工程质量保修书。

（9）有市政基础设施的有关质量检测和功能性试验资料。

（10）有规划部门出具的规划验收合格证。

（11）有公安消防出具的消防验收意见书。

（12）有环保部门出具的环保验收合格证。

（13）电梯验收准用证。

（14）燃气工程验收证明。

（15）建设行政主管部门及其委托的监督站等部门责令整改的问题已全部整改完成。

（16）单位工程施工安全评价书。

（三）工程竣工验收程序

验收会议上，工程施工、监理、设计、勘察等各方的工程档案资料摆好备查，并设置验收人员登记表，做好登记手续。

（1）由建设单位组织工程竣工验收并主持验收会议（建设单位应做会前简短发言、工程竣工验收程序介绍及会议结束总结发言）。

（2）工程勘察、设计、施工、监理单位分别汇报工程合同履约情况和在工程建设各环节执行法律、法规和工程建设强制性标准情况。

（3）验收组审阅建设、勘察、设计、施工、监理单位的工程档案资料。

（4）验收组和专业组（由建设单位组织勘察、设计、施工、监理单位、监督站和其他有关专家组成）人员查验工程实体质量。

（5）专业组、验收组发表意见，分别对工程勘察、设计、施工质量和各管理环节等方面做出全面评价，验收组形成工程竣工验收意见，填写《建设工程竣工验收报告》并签名

（盖公章）。

注：参与工程竣工验收的各方不能形成一致意见时，应当协商提出解决的方法，待意见一致后，重新组织工程竣工验收。

（四）工程竣工验收监督

（1）监督站在审查工程技术资料后，对该工程进行评价，并出具《建设工程施工安全评价书》（建设单位提前 15 日把《工程技术资料》送监督站审查，监督站返回《工程竣工质量安全管理资料退回单》给建设单位）。

（2）监督站在收到工程竣工验收的书面通知后（建设单位在工程竣工验收前 7 天将验收时间、地点、验收组名单以书面形式通知监督站，另附《工程质量验收计划书》），对照《建设工程竣工验收条件审核表》进行审核，并对工程竣工验收组织形式、验收程序、执行验收标准等情况进行现场监督，全部验收工作结束后，出具《建设工程质量验收意见书》。

第八章 信息化技术

第一节 概 述

信息化是以现代通信、网络、数据库技术为基础，把所研究对象各要素汇总至数据库，供特定人群生活、工作、学习、辅助决策等和人类息息相关的各种行为相结合的一种技术，使用该技术后，可以极大的提高各种行为的效率，为推动人类社会进步提供极大的技术支持。基于智能化的装配式建筑产品生产与施工管理信息技术，是在装配式建筑产品生产和施工过程中，应用 BIM、物联网、云计算、工业互联网、移动互联网等信息化技术，实现装配式建筑的工厂化生产、装配化施工、信息化管理，通过对装配式建筑产品生产过程中的深化设计、材料管理、产品制造环节进行管控，以及对施工过程中的产品进场管理、现场堆场管理、施工预拼装管理环节进行管控，实现生产过程和施工过程的信息共享，确保生产环节的产品质量和施工环节的效率，提高装配式建筑产品生产和施工管理的水平，目前，BIM 和物联网技术在装配式建筑施工中的应用取得了非常好的效果。

一、BIM 技术

（一）BIM 的起源

1974 年 9 月"BIM 之父"——乔治亚理工大学的 Chunk Eastman 教授和他的合作者在论文《建筑描述系统概述》中提出了应用数据库技术建立建筑描述系统（Building Description System，BDS），BDS 采用了数据库技术，其实就是 BIM 的雏形，自从伊斯特曼教授发表了建筑描述系统 BDS 以来，学术界十分关注建筑信息建模的研究并发表了大量有关的研究成果，特别是进入到 20 世纪 90 年代以后，这方面的研究成果大量增加，1999年，伊斯特曼教授出版了一本专著《建筑产品模型：支撑设计和施工的计算机环境》，这本书是 20 世纪 70 年代开展建筑信息建模研究以来的第一本专著，也是一本在 BIM 发展历史上具有里程碑意义的著作。

2002 年，时任美国 Autodesk 公司副总裁的菲利普·伯恩斯坦（Philip G. bernstein）首次提出建筑信息模型（Building Information Modeling，BIM）的概念，至此，BIM 这个技术术语正式诞生。

（二）BIM 的定义

从 BIM 问世起，人们关于 BIM 的概念有各种各样的认识，随着研究的不断深入，对BIM 的概念也越来越清晰，BIM 不仅仅是最初的建筑信息模型的概念，BIM 的含义应当包括三个方面：

（1）BIM 是设施所有信息的数学化表达，是一个可以作为设施虚拟替代物的信息化电子模型，是共享信息的资源，即 Building Information Model，也可称为 BIM 模型。

（2）BIM 是在开放标准和互用性基础之上建立、完善和利用设施的信息化电子模型的行为过程，设施有关的各方可以根据各自职责对模型插入、提取、更新和修改信息，以支持设施的各种需要，即 Building Information Modeling，也可称为 BIM 建模。

（3）BIM 是一个透明的、可重复的、可核查的、可持续的协同工作环境，在这个环境中，各参与方在设施全生命周期中都可以及时联络，共享项目信息，也就是 Building Information Management，也可称为建筑信息管理。

这里的"设施"不仅指建筑物，还包括构筑物，如水坝、水闸以及线型状态的基础设施，如道路、桥梁、铁路、隧道、管廊等。

BIM 技术是一项应用于设施全生命周期的 3D 数字化技术，它以一个贯穿其生命周期都通用的数据格式，创建、收集该设施所有相关的信息并建立起信息协调的信息化模型作为项目决策的基础和共享信息的资源，BIM 技术具有操作的可视化、信息的完备性、信息的协调性以及信息的互用性四个特点。

（三）BIM 软件

BIM 技术的实现离不开 BIM 软件，严格来讲，只有在 BSI（Building SMART International，美国国家建筑科学研究院下属的一个专门负责推广应用建筑数字技术的机构）获得 IFC 认证的软件才能称得上是 BIM 软件，这类软件具有操作的可视化、信息的完备性、信息的协调性以及信息的互用性四个特点，例如目前应用中的主流软件：Revit、MicroStation、ArchiCAD 等，还有一些软件，并没有通过 BSI 的 IFC 认证，也不完全具备以上四项技术特点，但在 BIM 的应用过程中也经常用到，它们和 BIM 的应用有一定的相关性，能够解决设施全生命周期中某一阶段、某一专业的问题，这些软件只能称得上与 BIM 相关的软件，而不是真正的 BIM 软件。

在 BIM 的应用中，没有一种 BIM 软件是可以覆盖建筑物全生命周期的，必须根据不同的应用阶段采用不同的软件。下面介绍几款国内常用的 BIM 软件及与 BIM 相关的软件。

1. Revit（美国 Autodesk 公司）

Revit 是基于 BIM 开发的软件，是一个综合性的应用程序，包含适用于建筑设计、水、暖、电和结构工程以及工程施工的各项功能，能够支持针对可持续设计、冲突检测、施工规划和建造作出决策，Revit 可应用于阶段规划、场地分析、设计方案论证、设计建模、结构分析、3D 审图及协调、数字建造与预制件加工以及施工流程模拟各个阶段，Revit 是目前在国内 BIM 应用中使用最广泛的一款软件。

2. Navisworks（美国 Autodesk 公司）

Navisworks 软件能够将 AutoCAD 和 Revit 等系列软件创建的设计数据，与来自其他设计工具的几何图形和信息相结合，将其作为整体的 3D 项目，通过多种文件格式进行实时审阅，而无须考虑文件的大小，Navisworks 软件可以帮助所有相关方将项目作为一个整体来看待，从而优化从设计决策、建筑实施、性能预测和规划直至设施管理和运营等各个环节，Navisworks 软件可应用于场地分析、设计方案论证、设计建模、3D 审图及协调、数字建造与预制件加工、施工场地规划以及施工流程模拟各个阶段。

3. ArchiCAD（匈牙利 Graphisoft 公司）

ArchiCAD 是世界上最早的 BIM 软件，它支持大型复杂的模型创建和操控，具有业界首创的"后台处理支持"，更快地生成复杂的模型细节，ArchiCAD 软件可应用于设计建模和能源分析阶段。

4. 斯维尔（深圳斯维尔公司）

斯维尔拥有 TH-Arch（建筑设计）、THS-BEC2010（节能设计）、THS-SUN2010（日照分析）、UC-win/Road（虚拟现实）、TH-3DA（3D 算量）以及 TH-3DM（安装算量）系列软件，可应用于投资估算、阶段规划、设计建模、能源分析、照明分析、3D 审图及协调及施工流程模拟各个阶段。

5. 广联达算量系列（广联达软件股份有限公司）

广联达包括土建算量 GCL、钢筋算量 GGL、安装算量 GQL、精装算量 GDQ 系列算量软件，基于自主知识产权的 3D 图形平台，提供 2DCAD 导图算量、绘图输入算量、表格输入算量等多种算量模式，结合全国各省市计算规则和清单、定额库，运用 3D 计算技术，实现工程量自动统计、按规则自动扣减等功能和方法。

6. 鲁班算量系列（上海鲁班软件有限公司）

鲁班算量系列软件是国内一款基于 AutoCAD 图形平台开发的工程量自动计算软件，包含的专业有土建预算、钢筋预算、钢筋下料、安装预算、总体预算、钢构预算，整个软件可以用于工程项目预决算以及施工全过程管理。

（四）BIM 的应用

随着信息技术的不断发展，BIM 被越来越多的项目所应用，同时 BIM 在辅助决策、提高建设质量和进度以及节省建设成本等方面的优势越来越显著。预制装配式混凝土建筑具有施工工期短、施工方便、质量高等诸多优点，同时对设计、生产、施工各个环节的要求也很高，与传统混凝土建筑相比，设计要求更加精细化，增加了深化设计过程，预制构件在工厂加工生产需要精确的加工图纸，同时构件的生产、运输计划需要密切配合施工计划来制定，施工过程中，构件的存放、拼装顺序需要妥善的规划，高要求必然带来一定的技术难度，这就使 BIM 技术在预制装配式混凝土建筑设计、施工及管理中的应用成为了必然。BIM 在装配整体式混凝土建筑中的应用也呈现出全生命周期的特点，广泛在设计、施工单位的深化设计、工厂生产、现场堆放及运输、施工模拟、工程计量以及利用 BIM 平台进行信息化管理等方面发挥巨大作用。

BIM 技术的应用大大改变了传统建筑业的生产模式，利用 BIM 模型，使建筑项目的信息在其生命周期中实现无障碍共享，无损耗传递，为建筑项目全生命周期中的所有决策及生产活动提供可靠的信息基础，BIM 技术较好地解决了建筑全生命周期中多工种、多阶段的信息共享问题，使整个工程的成本大大降低，质量和效率显著提高，为传统建筑业在信息时代的发展展现了光明的前景。

二、物联网

（一）物联网的定义

物联网（Internet of Things，IoT）的概念最早由美国麻省理工学院（MIT）的 Kevin Ash-ton 教授在 1991 年首次提出，1999 年麻省理工学院建立了"自动识别中心（Auto-ID）"，提出"万物皆可通过网络互连"，阐明了物联网的基本含义。

目前，国内外对于物联网还没有一个权威统一的概念，随着各种感知技术、现代网络技术、人工智能和自动化技术的发展，物联网的内涵也在不断完善。狭义的物联网指将各种信息传感设备，如射频识别（RFID）装置、红外感应器、全球定位系统、激光扫描器等种种装置与互联网结合起来而形成的一个巨大网络，其目的是让所有的物品都与网络连接在一起，系统可以自动的、实时的对物体进行识别、定位、追踪、监控并触发相应事件；广义的物联网则可以看作是信息空间与物理空间的融合，将一切事物数字化、网络化，在物品之间、物品与人之间、人与现实环境之间实现高效信息交互方式，并通过新的服务模式使各种信息技术融入社会行为，是信息化在人类社会综合应用达到的更高境界。

目前，普遍认为的物联网应该具备三个特征：一是全面感知，即利用射频识别、传感器、二维码等感知、捕获、测量技术随时随地对物体进行信息采集和获取，二是可靠传递，通过各种电信网络与互联网的融合，将物体的信息实施准确地传递出去，三是智能处理，利用云计算、模糊识别等各种智能计算技术，对海量感知数据和信息进行分析和处理，对物体实施智能化的决策和控制。

（二）物联网的关键技术

1. 无线射频识别（RFID）技术

RFID（Radio Frequency Identification），无线射频识别，是一种非接触式的自动识别技术，它通过射频信号自动识别目标对象并获取相关数据，识别工作无需人工干预，可工作于各种恶劣环境，RFID技术可同时识别多个标签，操作快捷方便。在国内，RFID已经在身份证、电子收费系统和物流管理等领域有了广泛应用，如图 8-1 所示。

2. 二维码技术

二维条码/二维码（3-dimensional bar code）是用某种特定的几何图形按一定规

图 8-1　无线射频设备

律在平面（二维方向上）分布的黑白相间的图形记录数据符号信息的，在代码编制上巧妙地利用构成计算机内部逻辑基础的"0"、"1"比特流的概念，使用若干个与二进制相对应的几何形体来表示文字数值信息，通过图像输入设备或光电扫描设备自动识读以实现信息自动处理，二维条码具有储存量大、保密性高、追踪性高、抗损性强、备援性大、成本便宜等特性，这些特性特别适用于表单、安全保密、追踪、证照、存货盘点、资料备援等方面。

3. 传感器技术

传感技术同计算机技术与通信技术一起被称为信息技术的三大技术，从仿生学观点，如果把计算机看成处理和识别信息的"大脑"，把通信系统看成传递信息的"神经系统"的话，那么传感器就是"感觉器官"，微型无线传感技术以及以此组件的传感网是物联网感知层的重要技术手段。

4. GPS 技术

GPS 技术又称为全球定位系统，是具有海、陆、空全方位实时三维导航与定位能力的新一代卫星导航与定位系统，GPS 作为移动感知技术，是物联网延伸到移动物体采集移动物体信息的重要技术，更是物流智能化、智能交通的重要技术。

5. 无线传感器网络（WSN）技术

无线传感器网络（Wireless Sensor Network，简称 WSN）的基本功能是将一系列空间分散的传感器单元通过自组织的无线网络进行连接，从而将各自采集的数据通过无线网络进行传输汇总，以实现对空间分散范围内的物理或环境状况的协作监控，并根据这些信息进行相应的分析和处理。

（三）物联网在装配式建筑中的应用

随着信息化技术的不断发展，物联网已经被广泛地应用到交通、物流、工业、农业等各行各业，给人类社会带来了巨大的效益，物联网的诞生也给建筑业的发展注入新的活力，将钢筋混凝土、管线、设备等建筑材料与网络、数据、人整合到一起，实现生产管理方式的智能化。

物联网可以贯穿装配整体式混凝土结构生产、施工与管理的全过程，为预制构件生产、运输存放、装配施工包括现浇构件施工等一系列环节的实施提供关键技术基础，保证各类信息跨阶段无损传递、高效使用，实现精细化管理，实现可追溯性。

1. 预制构件生产

在构件的生产制造阶段，对构件置入 RFID 标签，标签内包含有构件单元的各种信息，以便于在运输、存储、施工吊装的过程中对构件进行管理，这就相当于给部品（构件）配上了"身份证"，可以通过该身份证对部品的来龙去脉了解的一清二楚，可以实现信息流与实物流的快速无缝对接。

2. 预制构件运输

根据施工顺序，将某一阶段所需的构件提出、装车，用读写器一一扫描 RFID 标签，记录下出库的构件及其装车信息，运输车辆上装有 GPS，可以实时定位监控车辆所到达的位置，到达施工现场以后，扫码记录，根据施工顺序卸车码放入库。

3. 预制构件装配施工的管理

在装配整体式混凝土结构的装配施工阶段，BIM 与 RFID 结合可以发挥较大作用的有两个方面，一是构件存储管理，另一个方面是工程的进度控制，两者的结合可以对构件的存储管理和施工进度控制实现实时监控。另外，在装配整体式混凝土结构的施工过程中，通过 RFID 和 BIM 将设计、构件生产、营造施工各阶段紧密地联系起来，不但解决了信息创建、管理、传递的问题，而且 BIM 模型、三维图纸、装配模拟、采购制造运输存放安装的全程跟踪等手段为工业化建造方法的普及也奠定了坚实的基础，对于实现建筑工业化有极大的推动作用。

第二节　设计阶段 BIM 应用

一、装配式建筑在设计阶段应用 BIM 技术的意义

装配式建筑作为一种先进的建筑模式，由于其具有能减少施工污染、提高施工效率等优点越来越受到社会的关注，在建筑行业中被广为应用，装配式建筑在整个设计过程中，需要考虑预制构件的预留预埋、管线交叉、钢筋碰撞等各专业的交互问题，依靠传统的现浇结构设计，在增加设计人员工作量的同时也极易出现错漏碰缺问题。

BIM 技术作为一种信息化技术，融合了建筑工程的各项相关数据，通过数字信息仿

真模型真实地展现了建筑物所具有的各项特征，应用 BIM 技术可以组建起各专业协同工作的设计平台，通过设计平台"同步"修改设计内容，互相传递各专业设计信息，使得设计人员能够及时发现并解决专业间的冲突问题；装配式建筑中预制构件的种类和样式较多，"牵一发而动全身"，通过 BIM 技术平台上的联动设计，可以做到同步修改相应设计参数，节省因失误和反复所耗费的时间；利用 BIM 技术建立起标准化的"族"库，随着"族"库的不断扩充，通过调用"族"库设计数据提高装配式建筑设计效率，实现装配式建筑的标准化设计；借助 BIM 技术在设计阶段对装配式建筑各预制构件进行组合优化和施工模拟，能极大地减少施工阶段预制构件的安装误差问题，以三维的可视化形式，直接观察构件之间的连接，减少因设计原因导致的安装问题。

BIM 技术应用于装配式建筑的设计-生产-施工-运维整个过程中能够极大的提高资源利用率，设计作为整个过程中的先行阶段，通过 BIM 技术来提早发现并解决各类后期问题，在提高装配式建筑的标准化设计、降低设计误差、整合优化生产流程、提高现场管理效率等方面有着不可或缺的作用。

二、装配式建筑设计阶段如何应用

BIM 技术贯穿于装配式建筑设计的全过程，从初步预制方案设计阶段到构件拆分的施工图阶段，到装配式施工图的深化设计阶段，如何最大化的发挥 BIM 技术的优势，亦是装配式建筑项目成功的关键。

（一）初步设计阶段

在装配式建筑的整体方案设计阶段，建筑设计师在结构设计师的配合下，制定出满足装配式指标的预制方案，各专业开展基于 BIM 模型的方案设计、初步设计，在 BIM 技术可视化的基础上，实现建筑构造与结构预制拆分方案的一致性，并验证预制拆分方案的可实现性，通过关键部位各专业 BIM 初步协同设计，提前考虑预留预埋，以及相关预制构件的预拼接设计。

在此工程中实现专业间的 BIM 模型的综合协调，解决专业间的配合问题，以 BIM 模型及在此基础上的二维视图作为阶段性成果。

（二）施工图设计阶段

以协同设计的 BIM 模型为基础进行施工图设计，在此阶段进步完善交付模型，通过专业间的协同，解决建筑构造与预制构件的节点处理，实现建筑功能，解决管线预留预埋在预制构件中的实现方案，解决预制构件钢筋的预留与现浇暗柱的连接问题，在此阶段中，通过 BIM 模型优化拆分方案，为进步深化设计提供准备。

对预制构件的拆分要提前考虑预制构件的工厂制作、运输、吊装等因素。构件拆分尽量为二维构件，三维构件工厂制作工序较多，且对运输带来一定困难，对吊点的设置增加难度不利于现场的施工安装。

（三）深化设计阶段

在预制拆分构件的 BIM 模型基础上，进行装配式建筑的优化设计，在此阶段，建筑构造阶段细化到预制构件上，预制构件自身的钢筋信息设计制定，实现钢筋的避让和加强，管线、设备的预留孔槽的精确定位等，把各专业协同设计成果，集合到单个的预制构件上，实现从装配式建筑整体到单个预制构件的合理化拆分，在此基础上通过碰撞检测最终确定构件的三维模型及二维视图的交付归档。

碰撞检测可分为三个部分：

1. 构件间的碰撞检测

预制剪力墙竖向连接钢筋的预留长度是否能实现套筒的有效连接，竖向钢筋的空间位置，是否与叠合板胡子筋交叉重合，现浇暗柱是否满足一定尺寸，而避免相邻预制墙体构件水平筋碰撞，及预制梁筋构件的水平伸出钢筋的碰撞，构件间管线连接点的一致性，避免出现偏位，叠合板胡子筋与胡子筋是否碰撞，建筑装饰及防水构造在楼层尺寸间的精确连接，注胶缝的精确留置及是否有留孔部位，避免后期现浇施工处理。

2. 构件内部的碰撞检测

预制构件内部的碰撞在深化阶段碰撞检测前，通过各专业的协同设计解决了一部分，构件内的碰撞主要包括：内部各钢筋的交叉碰撞，钢筋与预埋件、预留线盒的碰撞，预留孔洞线槽与钢筋的碰撞。

3. 预制构件与现浇暗柱及后浇板带的设计合理性检测

现浇暗柱是否留置足够长度满足预制构件外伸钢筋的长度，并保证节点连接的设计合理性，预留胡子筋是否与后脚板带的宽度一致，局部凹凸异形板部位是否有特殊的处理。

根据检测结果，利用 BIM 模型优化设计，并在 BIM 模型上充分考虑生产施工阶段的影响因素，进行全过程的 BIM 技术应用，以 BIM 模型交付，为预制构件的生产、施工建立基础，提供依据。

三、BIM 预制构件库的组建

预制构件 BIM 模型是进行装配式建筑 BIM 建模的基础，根据标准化设计，利用 BIM 技术建立装配式构件产品库，可以使预制装配式建筑构件规格化，进而户型标准化，减少设计错误，提高出图效率，尤其在预制构件的加工和现场安装上大大提高了工作效率。

现阶段主要的 BIM 构件库组建方式主要有两种。

第一种是根据规范图集、生产企业生产条件、设计经验，由设计单位进行预制构件建模，创建不同标准的 BIM 预制构件库，依托构件库里的标准 BIM 构件，按照业主不同需求进行"组装"设计，标准 BIM 预制构件，既满足工厂规模化、自动化加工，又满足现场的高效组装要求。

第二种是根据已经完成的结构布置，进行预制构件拆分，自动生成相应的预制构件模型，这种模式虽然减少了预制构件模型的建模过程，减轻了工作量，但是拆分的预制构件种类较多，不利于标准化生产，建议在建筑方案阶段就进行装配式的整体考虑，配合自动拆分，实现合理的装配式设计。

四、基于 BIM 技术的装配式住宅标准化设计

装配式住宅建筑的设计应当按照"一致性最大化"的原则向标准化、模块化设计方向改进，实现少规格多组合、系列化集约化的生产建造，因此，从方案设计之初，就应该推行"标准化"理念，为后续的深入设计创造条件。

装配式建筑的"标准化、模块化"是在建筑设计中按照一定的模数体系规范构配件和部品的尺寸，尽可能统一规格，从而形成系列化的标准模块，模块按照一定程序原则进行组合，生成住宅产品。建筑标准化体系是建筑工业化的必备条件，同时也是建筑生产进行社会化协作的必要条件，实行标准化还需要考虑住宅的多样化，避免出现千篇一律。

因此标准化研究需要考虑两个方面，第一，紧密结合装配式建筑的特点，基于 BIM

技术建立数据平台，实现建筑标准化部品部件模块的规格、种类最少化，如图 8-2 所示，第二，充分考虑居住者追求个性化的心理，通过标准化模块的组合，实现住宅产品的多样性，更好地适应全客户群对住宅空间、品质的多样化需求。

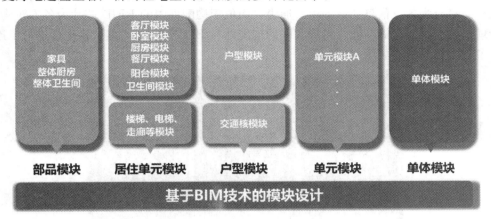

图 8-2 基于 BIM 技术的模块设计

五、各专业协同设计

设计阶段 BIM 应用的主要价值体现之一就是 BIM 协同设计与协同工作，协同设计需具备的功能有工作共享、内容复用、动态反馈，BIM 协同设计优于传统二维图纸设计，在装配式建筑设计阶段优势更加明显。

中心文件的建立，为各专业简化了文件的传递，并确定了唯一的交付模型，唯一性的确立，为装配式建筑 BIM 交付模型的精准性提供了保障，规避了传统二维图纸设计各专业交叉错误的弊端，装配式建筑在设计阶段需提前考虑生产、施工、运维各阶段因素，BIM 协同设计让专业的穿插趋于流畅。

六、扩展应用部分

通过 BIM 的精确设计后，可大大降低专业间交错碰撞，且各专业分包利用模型开展施工方案、施工顺序讨论，可以直观、清晰地发现施工中可能产生的问题，并给予提前解决，从而大量减少施工过程中的误会与纠纷，也为后阶段的数字化加工、数字建造打下坚实基础。

第三节　施工阶段 BIM 应用

在装配式建筑的构配件生产过程中，将原来在施工现场进行的工作转移到工厂的生产车间，这将提高生产（建造）速度，缩短建造工期，同时借鉴制造业成熟的生产制造系统，有助于提高构配件生产效率和生产质量，降低生产成本和事故发生率，对于整个施工项目的顺利合格完成有一定的保障。

同时由于工程项目不同于一般的制造业生产过程，面对每个构配件的生产、运输、组装等不同阶段位于不同场所的要求，以及考虑到单件构配件体积及重量，迫切需要一套与之相适应的信息化管理系统，BIM 技术的出现很好地解决了这一问题。

构配件在工厂中进行生产制造具有明显的优势，但构配件本身的建筑物品属性决定了构配件的生产不同于一般产品的生产制造过程，工厂的生产制造需要和施工现场的施工情况相结合，这就为施工组织协调增加了难度。归根结底，在管理中协调的过程就是进行信息交流的过程，所以及时的信息交流将会是解决问题的关键。BIM 平台作为构配件信息虚拟存储平台为各方信息交流提供了通道，而位于构配件中的 RFID 芯片为各方对构配件的管理信息提供了存储功能，将现实中的构配件与 BIM 模型中的虚拟构配件进行了连接，沟通了现实与虚拟，如图 8-3 所示。

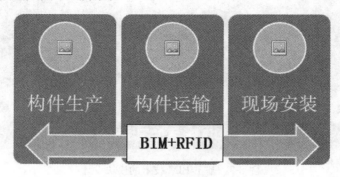

图 8-3　BIM 与 RFID 结合

一、构配件生产制造阶段的 BIM 应用

相比于传统的建筑施工，装配式建筑施工在制造工厂就已经开始，做好工厂生产的准备工作。为保证每个构配件到现场都能准确的安装，不发生错漏碰缺，生产前需要利用 BIM 技术进行"深化"工作，也就是将每个构配件事先在 BIM 模型中进行虚拟生产以及组装，将二维图纸中存在的失误降到最低，经"深化"过程后的图纸发给制造工厂，作为生产依据。

设计人员在深化设计阶段通过使用 BIM 软件建立构配件的三维模型数据库，并对构配件模型进行碰撞优化，不仅可以发现构配件之间是否存在干涉和碰撞，还可以检测构建的预埋钢筋之间是否存在冲突和碰撞，根据反馈的碰撞检测结果，调整修改构件设计图纸，实际的构配件生产图纸与模型中构配件通过 BIM 底层数据信息相联系，一旦对模型中虚拟构配件进行修改，通过 BIM 管理平台及时将数据信息传递，使工厂内与其相对应的构配件图纸自动实时更新，三维图纸除了能准确表达构配件外观信息外，同时对于构建相关钢筋信息、预埋件信息也能做到准确表达，可直接用于指导构配件生产，使图纸做到细致、实时、动态、精确，减少因设计造成的质量隐患。

通过了图纸会审和三维可视化技术进行优化设计和碰撞检查后的三维数据模型，将其中需要工厂生产的构配件信息通过 BIM 信息平台将模型中的预制构配件信息库直接下发到工厂，减少信息传递的中间环节，避免信息由于传递环节的增加而造成信息流失，从而导致管理的失误。工厂利用得到的三维模型以及数据信息进行准确生产，减少以二维图纸传输过程中读图差异所导致预制件生产准备阶段订单质量隐患，确保预制件的精确加工。

在构配件加工过程中，工人就通过 RFID 芯片，每个构配件编制的"身份 ID"为后续构配件的有效管理提供支持，工人对构配件的材料信息进行写入，形成可追溯表单，并将记录结果通过手持设备录入此构配件内部芯片，同时芯片的关联信息通过现场无线局域网传输进 BIM 模型，使模型中这一构配件数据实时更新，这样，项目的管理人员、业主以及工厂的管理人员可以随时通过 BIM 模型来查看构配件情况，以便实时对构配件的进行控制。

在构配件生产完成时，使用三维扫描仪器进行最后质量检查，扫描构配件并使扫描得到的三维模型通过构配件内置芯片，实时上传 BIM 模型数据库，数据库接收数据后根据编码 ID 自动与模型内设计构配件进行比对，使设计的模型数据和生产的构配件数据从虚拟和现实角度控制构配件质量，重点对构配件的外形尺寸，预埋件位置等进行检查比对，对不合格的构配件在模型中给予颜色显示，用以提醒质量管理者，同时下发指令阻止缺陷构配件出厂，保证出厂构配件的质量。

二、构配件物流运输阶段的 BIM 应用

在构配件的生产运输阶段，运用 BIM 技术与 RFID 技术相结合，根据构配件的形状、重量，结合装配现场的实际情况，合理规划运输路线，灵活选择运输车辆，合理安排运输顺序。

基于 BIM 和 RFID 强大的技术支持，使 BIM 模型中存储的虚拟构配件与现实中的构配件在形状、尺寸、甚至质量等信息都保持一致，这就为模拟运输提供了条件，在进行构配件现实运输前，首先在计算机虚拟环境中，将购配件的运输情况进行模拟，做到提前发现问题，比如在车辆的选择上，构配件的排布上，甚至将 BIM 系统与城市交通网络相连接，直接将运输路线也提前规划好，直接将运输纳入到施工现场的管理中，这将有利于保证运输的可靠性。

三、构配件现场存储阶段的 BIM 应用

构配件进入装配现场时，根据读取构配件 ID，按照 BIM 中心给出的施工方案对构配件的使用位置、使用时间做出准确的判断，做到构配件的现场合理分布，以免发生二次搬运对构配件进行破坏。

构配件施工现场在存储时考虑的因素

（一）存放位置

构配件入场时，首先要考虑的就是构配件的存放位置，存放位置遵循两个原则，一是基于构配件自身的考虑，根据构配件的使用位置及情况，综合确定构配件的存放位置，主要是以减少构配件入场后的二次搬运为主，减少在存储过程中因二次搬运对构配件造成破坏；二是基于整体场布的考虑，构配件的存放位置不能对施工现场其他的如人流、施工机械的进出产生影响，从而影响施工进度。

（二）存放环境

构配件在施工过程中对精度相对要求较高，所以在存储过程中要保持构配件的存储质量，如构配件中存在预埋件等，应适当地进行防潮防湿处理，为了便于对构配件的使用，存储现场应对场地进行硬化处理，适当放坡，在存放过程中保持构配件与地面、构配件之间存在一定空隙，保持通风顺畅，现场干燥。

（三）专人看护

在构配件的存储过程中应有专人进行看护，做到每天对构配件进行早晚库存盘查，并通过手持 RFID 阅读器，将每天的库存盘查情况实施上传到 BIM 中心，做到与虚拟环境中的构配件实时互动，为现场施工方案的修正提供辅助信息。

（四）模拟场布

在施工现场向构配件制造工厂发出物流运输请求的同时，根据虚拟环境下构配件的物

理信息对构配件提前在施工现场进行虚拟场布存储模拟，按照施工现场实际情况的构配件的存储进行预演，为下一步的构配件进场扫清障碍，将粗放式的建筑工地向精细化管理迈进。

四、基于 BIM 的施工场布管理

根据施工现场要求，以及工作量大小，选取合适的施工机械，同时对现场临时设施进行合理规划，减少后期施工过程中临时设施的拆卸，有效节省施工费用，减少施工浪费，提高施工效率。

可对项目塔式起重机吊、场地、各建筑物、施工电梯及二次砌体等进行模拟，方便施工人员熟悉相关施工环境，及根据施工场地特点因地制宜的对场地进行合理的布置，并可对脚手架、二次砌体以及临时设施进行计算，如图 8-4 所示。

图 8-4　场地布置 BIM 图

通过施工现场场布模拟，可以对施工现场进行有效平面布置管理，解决施工分区重叠，特别是在狭小施工项目中，显得尤为重要，BIM 技术作为一个管理平台，将拟建的建筑物、构筑物以及设备和需要的材料等预先进行模拟布置，对实际施工过程具有重要指导意义。

五、基于 BIM 的施工进度管理

应用 BIM 技术对施工项目进行进度管理时，可以通过施工模拟将拟建项目的进度计划与 BIM 模型相关联，使模型按照编制的进度计划进行虚拟建造，针对虚拟建造过程中出现的问题，随时修正项目建设的进度计划，通过三维动画方式预先模拟建设项目的建造过程，直观形象，有助于发现进度计划的不合理之处，在不浪费实际建造材料的情况下将施工进度计划予以优化，并且支持多方案比较，在有多个施工计划时，可以按照每个进度计划进行模拟，比较进度计划的合理性。

在施工过程中，将实际的施工进度输入 BIM 模型中，将实际进度与计划进度进行比较，当实际进度落后于计划进度时，模型中以红色显示，当实际进度超前时，则以绿色显示，并且在进度跟踪的基础上还可以将费用与进度相结合管理，形成施工过程的挣值曲线，对项目进度管理做到实时控制。

六、装饰装修中 BIM 的应用

利用 BIM 技术可视化、可出图、信息完备等特性对精装位置进行排版定位，把项目所需的每一种材料的精确数量体现出来，如块料铺贴，能将块料铺贴的数量，包括整块、切割的数量、切边的尺寸都能得到精确的数量，如图 8-5 所示，因此所有块料的加工切边都在厂家进行，运到现场，工人只需依据图纸进行铺贴就可以了，基本上没有浪费，其他材料也是如此控制，精装修项目的成本控制主要是材料费以及人工费的控制。运用 BIM

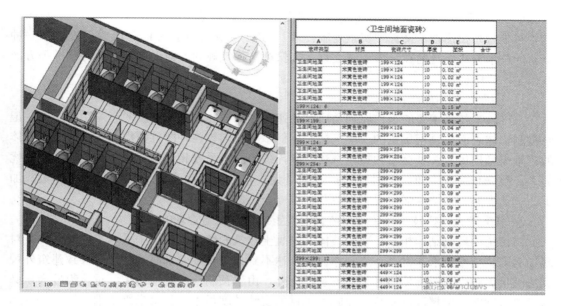

图 8-5　BIM算量案例

技术建模，依据建模图纸基本上就可以进行施工，工人不需要进行材料加工，节省了施工时间，减少了人工费的支出，从而降低了成本。

第四节　信息化辅助管理技术

一、移动端辅助管理

　　传统的企业信息化和现场施工信息化的基本形态，是依赖固定场所和固定设备的信息化体系。随着社会多元化的发展和工作需求，传统的信息化体系的弊端正在日益凸现，人们对于"定点定用"的信息化应用模式深感不便，"随走随用"的移动端辅助管理成为需求焦点，移动端辅助管理就是以智能手机、便携电脑等移动便携设备作为各类办公应用的用户接入终端，借助移动信息化软件将业务系统扩展到移动便携设备上，方便人们随时随地处理各类事务，弥补了传统信息化体系的接入死角，完成了信息化建设最后一公里的部署。

　　目前，市面上较为主流的移动端 APP 大致可以分为：浏览器类（BIMx、Sview）、平面绘制应用类（RoomScan、MagicPlan）、设计类（Pinterest、焕色大师）、常用规范查询类（建筑规范）、建筑资讯类（建筑学院）、各参建方类（经营管家、建 e 联）等。

　　各类移动端 APP 的使用，对于装配整体式项目的关键节点、重要工序施工质量、安全生产的水平有了很大提高，对后期运行质量和结构使用寿命的提升起到了重要作用，提升了项目的运行质量，提高了各参建方现场管控能力。

二、外围设备辅助管理技术

　　外围设备从狭义上讲即指计算机系统中除主机外的其他设备，包括输入和输出设备、外存储器、模数转换器、数模转换器、外围处理机等，是计算机与外界进行通信的工具。

　　从建筑管理、施工的角度，外围设备主要指三维激光扫描仪、无人机等辅助管理、施工的一系列设备。

（一）三维激光扫描仪与装配整体式混凝土结构施工管理

三维激光扫描技术又称"实景复制技术"，其为快速建立物体的三维模型提供了一种全新的技术方法，目前在很多领域文物古迹保护、建筑规划、建设工程、矿井巷道等方面取得了广泛的应用。

1. 三维激光扫描的主要工作原理

三维激光扫描主要的工作原理是通过高速激光扫描的方法，利用激光测距的原理，记录被测物体表面大量密集点的三维坐标、反射率和纹理等各种图件数据，为快速建立物体的三维模型提供了一种全新的技术方法，同传统的测量手段相比，三维激光扫描技术的优势为：数据获取速度快，实时性强；数据量大，精度较高；全数字特征，信息传输、加工、表达容易；主动性强，无工作疲劳，可以全天候工作。

2. 三维激光扫描技术在装配整体式混凝土结构施工与管理的应用

与传统的现浇结构相比，装配整体式混凝土建筑的结构构件由于采取工厂预制，其对现场的安装精度要求非常高，当制作或施工达不到相关精度要求时，往往会导致建筑外观无法满足美观，甚至会使构件无法安装，此外，由于预制构件往往体积、重量都较大，必然需要借助施工机械进行安装，而施工机械的安装精度很难达到毫米级要求。

为了解决这一难题，可以将三维激光扫描技术应用于此。在预制构件生产完进行三维扫描，建立预制构件的三维模型；对施工现场进行三维扫描，建立预制构件安装处的施工现场的三维模型；对塔式起重机、预制构件的存放位置、预制构件安装处位置进行三维扫描，建立三者之间的空间参数，模拟三者之间的空间关系，最终将预制构件模型、施工现场模型、三者之间的空间模型进行碰撞试验，及时发现可能存在的问题，管理前置消灭问题于萌芽中。

（二）无人机与装配整体式混凝土结构施工管理

从 20 世纪 30 年代真正意义上的第一架无人机——英国"蜂后"无人机诞生至今，无人机因其在"3D"（Dall、Dirty、Dangerous）环境下执行任务的优势以及灵活机动等特性在建筑、电力、通信、气象、农林、海洋等领域提供了更为便捷、高效、安全的监测管理方法。

无人机搭载三维激光扫描仪，将采集的影像资料转变立体点云数据，通过 BIM 软件平台可以将得到的点云数据建立建筑的三维实测模型。

建筑物在施工中和使用过程中受到风荷载、雪荷载、地基不均匀沉降等原因使得建筑物的结构性能受到影响，此外由于混凝土配合比、混凝土保护层厚度、施工质量等原因容易导致建筑物的表面外观受到影响。传统的建筑物检测方法是利用专业仪器对建筑物各个部位的力学性能检测，用肉眼或者望远镜等辅助工具对建筑物的外观质量检测。对于特别复杂的建筑的特殊部位或者超高层建筑，人工检测危险性大、效率低、难度大。在这种情况下无人机可以发挥独特的优势，在无人机上搭载自动扫描摄像头，无人机围绕已建建筑物表面飞行，将摄像头拍摄到的画面实时传输到地面接收站，当建筑物表面有外观质量问题时管理人员可以及时发现及时处理，对于结构的变形监测可以结合 BIM 技术对前后两次获取的数据对比分析，从而可以判断构建的变形程度。

三、二次开发技术辅助管理

二次开发是在不改变原有系统内核的基础上对现有的软件进行定制修改、功能的扩展，以达到工程所需的功能。

1975 年 "BIM 之父" ——乔治亚理工大学的 Chunk Eastman 教授创建了 BIM 理念，2002 年 Autodesk 公司提出 BIM（Building Information Modeling）的概念。

BIM 技术的运用对建筑业的发展产生了重大影响，是建筑业发展具有革命性的一步，其中，欧特克（Autodesk）Revit 占国内 90％的份额，大量用于建筑、结构、机电等专业，它可以将建筑物的各个方面、各个阶段直观地展现在眼前。Revit 在装配式建筑施工与管理中的应用包括根据安装顺序排定加工计划、根据设计模型进行钢筋下料、模具准备、构件生产和存放、根据设计模型进行出厂前检验、构件运输和验收的 Revit 应用、构件堆放地点的选择、塔式起重机的选择和分析、预制构件安装过程模拟、装饰装修部分的 Revit 应用、质量验收的 Revit 应用等内容，但 Revit 软件中操作命令繁琐，图形数据和参数信息访问冗长，阻碍了其进一步的发展。

通常情况下，使用 Revit 软件进行工程建模是通过菜单栏和工具命令实现的，而 Revit 还提供了协助调用外部命令的程序接口 API（Application Programming Interface 应用程序编程接口），使得设计人员通过编写外部程序批量操纵和访问 Revit。API 是对 Revit 各功能进行访问的大门，能够实现分析和可视化应用与建筑信息模型的集成，用户可以根据自己的个性化需求来扩展 Revit 软件功能，有针对性地进行基于 Revit 的二次开发技术辅助管理，使得设计、施工、采购等项目参与方在同一平台下工作，减少中间环节，提高作业标准化率，加快人员工作效率，推动项目进展。

参 考 文 献

[1] 中国建筑工业出版社．书稿著译编校工作手册[M]．北京：中国建筑工业出版社，2006.

[2] 中华人民共和国住房和城乡建设部．建筑施工安全检查标准[S]．北京：中国建筑工业出版社，2011.

[3] 中华人民共和国住房和城乡建设部．建筑起重机械安全监督管理规定[M]．北京：中国建筑科技出版社．2008.

[4] 中华人民共和国住房和城乡建设部．建筑施工工具式脚手架安全技术规范[S]．北京：光明日报出版社，2009.

[5] 中华人民共和国住房和城乡建设部．建设工程高大模板支撑系统施工安全监督管理导则[M]．北京：中国建筑工业出版社，2009.

[6] 中华人民共和国住房和城乡建设部．建设工程施工合同（示范文本）[M]．北京：中国法制出版社，2013.

[7] 中华人民共和国住房和城乡建设部．建设工程监理合同（示范文本）[M]．北京：中国建筑工业出版社，2013.

[8] 建设部标准定额研究所．房屋建筑工程施工旁站监理管理办法[S]．北京：中国建筑工业出版社，2002.

[9] 中华人民共和国住房和城乡建设部．钢筋连接用灌浆套筒 JG/T 398—2012[S]．北京：中国标准出版社．2012.

[10] 北京市住房和城乡建设委员会，北京市质量技术监督局．装配式混凝土结构工程施工与质量验收规程 DB11/T 1030—2013[S]．北京：中国建筑工业出版社，2013.

[11] 中华人民共和国住房和城乡建设部．混凝土结构工程施工质量验收规范 GBT 50204—2015[S]．北京：中国建筑工业出版社，2015.

[12] 重庆市城乡建设委员会．重庆市《装配式混凝土住宅建筑结构设计规程》DBJ 50-193—2014[S]．北京：中国建筑工业出版社，2014.

[13] 中华人民共和国住房和城乡建设部．预制带肋底板混凝土叠合楼板技术规程 JGJ/T 258—2011[S]．北京：中国建筑工业出版社，2011.

[14] 山东省住房和城乡建设厅，山东省质量技术监督局．建筑外窗工程建筑技术规范 DB37/T 5016—2014[S]．鲁建标字[2014]16 号．北京：中国建材工业出版社，2014.

[15] 安徽省质量技术监督局．叠合板式混凝土剪力墙结构技术规程 DB34/T 810—2008[S]．北京：中国建材工业出版社，2008.

[16] 山东建筑大学．装配整体式混凝土结构设计规程 DB/T 5018—2014[S]．北京：中国建筑工业出版社，2014.

[17] 中华人民共和国住房和城乡建设部．装配式混凝土结构技术规程 JGJ 1—2014[S]．北京：中国建筑工业出版社，2014.

[18] 中华人民共和国建设部．建设工程文件归档整理规范 GB/T 50328—2014[S]．北京：中国建筑工业出版社，2001.

[19] 山东省建筑科学研究院．装配整体式混凝土结构工程施工与质量验收规程 DB/T 5019—2014[S]．北京：中国建筑工业出版社，2014.

[20] 山东省建设发展研究院．装配整体式混凝土结构工程预制构件制作与验收规程 DB/T 5020—2014

［S］. 北京：中国建筑工业出版社，2014.

［21］ 中华人民共和国住房和城乡建设部．建筑工程施工质量验收统一标准 GB 50300—2013［S］. 北京：计划出版社，2013.

［22］ 中华人民共和国住房和城乡建设部．施工现场临时用电安全技术规范 JGJ 46—2005［S］. 北京：中国建筑工业出版社，2005.

［23］ 山东建设厅．山东省建筑工程施工技术资料管理规程［S］. 山东：山东定额站出版社，2014.

［24］ 山东省建设监理协会，山东省建设监理咨询有限公司．建设工程监理文件资料管理规程［S］. 北京：中国建筑工业出版社，2014.

［25］ 李晓明，黄晓坤等．《装配式混凝土结构技术规程》［S］. 北京：中国建筑工业出版社，2014.

［26］ 焦安亮，张鹏，李永辉等．我国住宅工业化发展综述［J］. 施工技术，2013(10)：69-72.

［27］ 潘志宏，李爱群．住宅建筑工业化与新型住宅结构体系［J］. 施工技术，2008，37(2)：1-4.

［28］ 张原．建筑工业化与新型装配式混凝土结构施工［J］. 华南理工大学土木与交通学院，2013.

［29］ 叶明，易弘蕾．工程总承包是推动装配式建筑发展的重要途径［J］. 山西建筑业，2016(12)：30-32.

［30］ 中华人民共和国国家标准．装配式混凝土建筑技术标准 GB/T 51231—2016［S］. 北京：中国建筑工业出版社，2017.

［31］ 中华人民共和国国家标准．装配式钢结构建筑技术标准 GB/T 51232—2016［S］. 北京：中国建筑工业出版社，2017.

［32］ 中华人民共和国国家标准．装配式木结构建筑技术标准 GB/T 51233—2016［S］. 北京：中国建筑工业出版社 2017.

［33］ 中华人民共和国国家标准．装配式建筑评价标准 GB/T 51129—2017［S］. 北京：中国建筑工业出版社 2017.

［34］ 住房和城乡建设部住宅产业化促进中心．装配整体式混凝土结构技术导则［M］. 北京：中国建筑工业出版社，2015.

［35］ 高等职业院校课程改革项目．装配式混凝土结构工程［M］. 北京：北京理工大学出版社有限公司，2016.

［36］ 上海隧道工程股份有限公司．《装配式混凝土结构施工》［M］. 北京：中国建筑工业出版社，2016.